黄河國家治理文獻集成（民國卷）第二十三册

《黄河國家治理文獻集成》編委會　編

總第八十七册

歷代治河方略述要

張含英　著

董杰　編

內蒙古出版集團
內蒙古人民出版社

圖書在版編目（CIP）數據

歷代治河方略述要 / 張含英著 ; 董杰編. -- 呼和浩特 : 内蒙古人民出版社, 2025. 8. --（黄河國家治理文獻集成）. -- ISBN 978-7-204-18442-2

Ⅰ. TV882

中國國家版本館 CIP 數據核字第 2025YX3430 號

歷代治河方略述要

張含英　著

編　　者　董　杰
策劃編輯　何可欣
責任編輯　賈大明
裝幀設計　劉那日蘇　吉　雅　安立新
責任監印　王麗燕
出版發行　内蒙古出版集團　内蒙古人民出版社
地　　址　呼和浩特市新城區中山東路 8 號波士名人國際 B 座 5 層
網　　址　http：//www.impph.cn
印　　刷　内蒙古愛信達教育印務有限責任公司
開　　本　880mm × 1230mm　1/16
印　　張　12
字　　數　130 千
版　　次　2025 年 8 月第 1 版
印　　次　2025 年 8 月第 1 次印刷
印　　數　1—1000 册
書　　號　ISBN 978-7-204-18442-2
定　　價　100.00 元

編纂委員會

主　任　陳利保

副主任　周承英　吴義學　王　瑶

成　員　賈大明　何可欣　董立群　羅　婧　王曉俊　董麗娟

　　　　白　玲　特日格勒　徐　飛　李月琪　王麗燕　李　琳

主　編　董　杰

副主編　張曉東　曹　玲

委　員（按姓氏筆畫排序）

王　丹　王智慧　王鑫義　白胡日查　朱紫陽　李　萌

李新蕊　姚亞菲　陳　思　曹佳興　梁芹洋　張文文

張　岩　張博原　張　祺　張曉英　喬恩懋　賀　莎

楊　怡　楊建國　楊　承　霍燕平　魏雪剛

引言

千古河流成沃野，幾年沙勢自風湍。

得益于黃河冲積所帶來的疏松土質和有機物，中華先民利用石製工具開始了農業生産，并逐步發展出旱地粟作農業，『能够最大程度保障食物供給的穩定性，奠定了中華文明起源和形成的堅實基礎』〔一〕。而利用河水灌溉，提高區域可預測農業産量，『在産業史上起着最有决定性的作用』〔二〕。隨後，技術進步、經濟發展、人口增加，讓先民的文化生活大爲豐富。嚴文明先生評價道：『這是一場影響深遠的革命。』〔三〕在這場革命中，平衡水、沙、産、人四者之間的關係，始終是黃河治理的核心問題。四者關係一旦失衡，就容易引發諸多灾患。

歷史上，黃河下游因人口稠密、經濟發達，一直是學術界關注的重點。但自河源至今内蒙古托克托縣河口鎮的黃河上、中游區域，雖遠離王畿，人口稀疏，却也一直備受關注，人們逐步認識到黃河全流域治理是國家的重要任務。《漢書》載：『堤防之作，近起戰國，雍防百川，各以自利。』〔四〕没有全流域的協同治理，僅靠各地分段築堤，則黃河河患無法解决。秦建立了中國歷史上第一個中央集權大一統王朝，秦始皇東巡碣石，刻石銘記『决通川防，夷去險阻』〔五〕，開啓中央政府調動各要素治黃之先河，這『在中國，實質上是國家的一種職能』〔六〕。同時，國家通過對黃河的有效治理，爲沿黃流域人民群衆乃至其他地區人民群衆提供了重要的公共物品和産業支撑，成爲人民群衆眼中中央政府的功過評價指標之一。因此，治黃在增强沿黃各族群國家、政治、文化認同的基礎上，强化了中國大一統國家的合法性，成爲歷代國家治理能力的一個重要測度。

一、黃河治理維護了國家的社會穩定

從秦并六國到漢朝建立大一統國家，中國統一的多民族國家形成并得到初步發展。當時中央政府對所轄疆域有『北邊郡』和『内郡』之稱。内蒙古額濟納旗出土的居延漢簡有載，『狠（墾）田以鐵器爲本北邊郡毋鐵官印器内郡令郡以時博賣予細民毋令豪富吏民得多取販賣細民』，可以看出北邊郡是與内郡相對應的行政管轄區域。《史記》卷二十八『封禪書第六』載：『上乃遂去，並（并）海上，北至碣石，巡自遼西，歷北邊至九原。』〔七〕。《史記》卷三十『平準書第八』載：『天子北至朔方，東到太山，巡海上，並（并）北邊以歸。』〔八〕司馬遷多次提及北邊，足見統治者對北邊治理的重視。

漢武帝時，齊人延年提出從今内蒙古引黃河水經今北京一帶，向東注入渤海，以衛北部邊疆。『是時方事匈奴，興功利，言便宜者甚衆。齊人延年上書言：「河出昆侖，經中國，注勃海，是其地勢西北高而東南下也。可案圖書，觀地形，令水工準高下，開大河上領，出之胡中，東注之海。如此，關東長無水災（灾），北邊不憂匈奴，可以省隄（堤）防備塞，士卒轉輸，胡寇侵盜（盗），覆軍殺將，暴骨原野之患。天下常備匈奴而不憂百越者，以其水絶壤斷也。此功壹（一）成，萬世大利。』[九]《史記》卷二十四『樂書第二』載：『天馬來兮從西極，經萬里兮歸有德。承靈威兮降外國，涉流沙兮四夷服。』[十]如今，包頭地區出土了『四夷盡服』瓦當，出土文物與傳世文獻的呼應，成爲黄河治理維護祖國北部邊疆穩定的見證。

《史記》卷三十『平準書第八』載：『嚴助、朱買臣等招來東甌，事兩越，江淮之閒（間）蕭然煩費矣。唐蒙、司馬相如開路西南夷，鑿山通道千餘里，以廣巴蜀，巴蜀之民罷焉。彭吳（吴）賈滅朝鮮，置滄海之郡，則燕齊之閒（間）靡然發動。及王恢設謀馬邑，匈奴絶和親，侵擾北邊，兵連而不解，天下苦其勞，而干戈日滋。』[十一]清代《汾陽縣志》卷十三『藝文』收録曹學閔《開修黄蘆嶺車路紀德政碑記》，上載：『永寧州，界連西陲，北達邊外歸綏諸路，商賈遠貿粟麥，泛皮船隨黄流南下，聚于州西磧口，一府之民仰利賴焉。而東至太原，南抵平陽，州縣凡二十餘，亦視汾爲橐籥，蓋所繫非特一方生計矣。』[十二]民國時期，東北淪陷後，開發西北刻不容緩，而『黄河中游之水利，自應加以擴充及整理，藉（借）收桑榆之效，以挽狂瀾於（于）萬一』[十三]。

因黄河流域自然條件優越，歷朝歷代都十分重視對此地的開發，通過强有力的國家干預方式推動各類產業的發展，爲中國北部疆域的形成和社會穩定奠定了基礎。

二、民族交往、物資交流、技術轉移促成黄河治理共同體

《史記》卷十五『六國年表第三』載：秦始皇三十三年（前214），『築長城河上，蒙恬將三十萬』[十四]。這數十萬人中，擁有一技之長的人員不在少數。由此，邊地人口不斷增多，而豐富的物產則促進了商品交流與統一市場的形成。西漢《鹽鐵論·力耕第二》記録了『异物内流』的情形：『是以羸（騾）驢馲駞（駝），銜尾入塞，驒騱騵馬，盡爲我畜，鼲鼦狐貉，采旃文罽，充於（于）内府，而璧玉珊瑚瑠（琉）璃，咸爲國之寶。』[十五]此後，黄河北岸的『羸（騾）驢馲駞（駝）』『驒騱騵馬』『鼲鼦狐貉』『采旃文罽』與西南織錦、中原麻織、農作物等物資相互交流，逐步形成統一的國内大市場，加强了邊疆與其他地區的經濟聯繫，促進了邊疆特色産業的發展。

隨着民族交往交流交融的增强，清代以降，黄河流域内蒙古段輸入到内地的也不僅僅是『异寶』了。《綏遠通志稿·水路》載：『自乾隆以還。口外墾殖日廣。民殷物阜。出境之油、糧、鹽、鹼（碱）、甘草各貨。入境之日用雜貨。山西與歸綏往來之商運。凡經河路者皆以托屬河口爲唯一之碼頭。』[十六]從清乾隆年間到民國時期，由内蒙古經黄河運到山西的貨物有糧、油、鹽、碱、藥材、皮毛等，其中以糧油爲最大宗。糧食品種主要有糜黍、穀子、高粱、豆類及玉米、大小麥

等，油料主要是胡麻。内蒙古供貨支綫有從阿拉善盟阿拉善左旗吉蘭泰鹽池到山西吕梁市磧口鎮的運鹽駝路，五原縣、臨河區一帶各大幹渠的運糧水道，杭錦旗、達拉特旗的甘草馱運綫，鄂托克旗的運碱駝路。内蒙古段各條支綫以供貨爲主，山西段若干支綫以運銷爲主。

《臨縣志》載：『清朝乾隆至民國年間，陝、甘、綏、蒙等地的物資，通過此航綫運達磧口，再用牲口馱運到離石、吴城，轉運至東路（汾、平、介、孝等縣）。據民國 20 年（1931）統計，每年從綏遠磴口航至磧口的貨船不下 4000 餘艘』，『是陝、甘、綏、寧與晋西北物資集散之重鎮』。[十七]可見，内蒙古在甘肅、寧夏與陝西、山西等沿黄上下游物資交易中起到了重要的聯結作用；同時也吸引了山西、陝北、河北、山東、甘肅等地的農民遷移至此，并將開渠打壩、引水澆地等農業生産技術、手工技術和商業貿易經營方式帶到這裏。他們在此扎根，除了從事農業生産外，還挖甘草、下窑背炭、在黄河上拉船、在沙漠中拉駱駝、打短工放冬羊、開碾磨油坊，等等。不同地域、不同民族的人們合力修築河渠、引水興業，逐漸形成休戚與共的共同體。其間積纍的産品交易、商業管理、社會治理等方面的經驗，在今天依然有借鑒意義。

清代『首重治河，探河源以窮水患』[十八]，但更深層次的考量是『宣揚大一統及增强國家認同』[十九]。黄河流域人口基數大、分布廣，而全流域治理理念將不同地區、不同民族的人們凝聚成命運共同體，而『大一統』理念正是這一治理實踐的核心主題。

三、黄河流域拓展了中國的發展空間

早期統治者因巡幸及邊防建設所需，統籌管理沿黄河運與秦直道等沿黄馬道，維持着中央政府對北邊的有效治理。河套平原引黄渠道的建設爲秦漢王朝屯田事業提供了基本的水利保證，并將這些區域變成防禦北部邊患的大後方與根據地。于是，沿黄馬道、沿黄河運與萬里茶道、草原絲路等陸路運輸聯通起來，促進了中華文明與其他文明的交流互鑒，拓展了新的發展空間。

新中國成立之後，沿黄各族兒女在中國共産黨的領導下團結合作、艱苦奮鬥，實現了大河安瀾。黄河流域建立起行之有效的防洪抗汛機制，支撑着沿岸的産業發展，改善了周邊生態環境。當代治黄史證明，正是由于中國共産黨的正確領導以及集中力量辦大事的制度優勢，纔從根本上減輕了河患的威脅。進入新時代，黄河流域在築牢安瀾根基的同時，以蓬勃活力拓展着中國的發展空間。沿黄九省區在協同發展中不斷釋放潛力，讓黄河流域成爲國家區域協調發展戰略中不可或缺的重要一極，爲中國的發展源源不斷地注入新動能。

綜上所述，黄河流域的治理不是單純的河道治理、生態環境治理或社會治理，而是一種關涉水、沙、産、人四者關係的系統性、協同性治理，是推動國家可持續發展的動力，也是厘清國家治理與邊疆治理兩者動態交互實際效果的絶佳視角。而黄河工程等『中國本土理論資源、學術積纍』〔二十〕，有助于研究國家治理的演進歷程。進入新時代，黄河治理與國家治理的關係研究不斷開闢新視角、持續涌現新成果，其中鑄牢中華民族共同體意識、邊疆治理與黄河流域生態保護和高質量發展成爲非常重要的研究視角。因此，基于這一角度搜集整理黄河國家治理文獻，意義重大。《黄河國家治理文獻集成》，應運而生。

本叢書系統梳理了黄河治理的歷史脉絡與經驗，既爲新時代黄河流域生態保護和高質量發展提供了歷史鏡鑒，更以文獻爲載體，傳承了治理智慧、凝聚了民族力量，是服務國家發展戰略、鑄牢中華民族共同體意識的重要學術實踐。

《黄河國家治理文獻集成》編委會

二〇二五年一月

〔一〕韓建業：《中華文明的起源和形成》，載《中華民族共同體研究》2022年第4期，第80-91+172頁。

〔二〕中共中央馬克思恩格斯列寧斯大林著作編譯局：《馬克思恩格斯選集》第二卷，人民出版社，2014年，第240頁。

〔三〕嚴文明：《黄河流域文明的發祥與發展》，載《華夏考古》1997年第1期，第49-54+113頁。

〔四〕（漢）班固：《漢書》卷二十九「溝洫志第九」，中華書局，1964年，第1692頁。

〔五〕（漢）司馬遷：《史記》卷六「秦始皇本紀第六」，中華書局，1963年，第252頁。

〔六〕冀朝鼎：《中國歷史上的基本經濟區與水利事業的發展》，朱詩鰲譯，中國社會科學出版社，1981年，第7頁。

〔七〕（漢）司馬遷：《史記》卷二十八「封禪書第六」，中華書局，1963年，第1398-1399頁。

〔八〕（漢）司馬遷：《史記》卷三十「平準書第八」，中華書局，1963年，第1441頁。

〔九〕（漢）班固：《漢書》卷二十九「溝洫志第九」，中華書局，1964年，第1686頁。

〔十〕（漢）司馬遷：《史記》卷二十四「樂書第二」，中華書局，1963年，第1178頁。

〔十一〕（漢）司馬遷：《史記》卷三十「平準書第八」，中華書局，1963年，第1420-1421頁。

〔十二〕（清）方家駒修，（清）王文員纂：《汾陽縣志》卷十三「藝文」，清光緒十年刻本，第57-58頁。

〔十三〕王華棠、劉錫彤、吴樹德：《黄河中游調查報告》，華北水利委員會編印，1934年，第1頁。

〔十四〕（漢）司馬遷：《史記》卷十五「六國年表第三」，中華書局，1963年，第758頁。

〔十五〕王利器：《鹽鐵論校注》，中華書局，1992年，第28頁。

〔十六〕綏遠通志館：《綏遠通志稿》第十册，内蒙古人民出版社，2007年，第176頁。

〔十七〕臨縣志編纂委員會：《臨縣志》，海潮出版社，1994年，第273、321頁。

〔十八〕趙爾巽等：《清史稿》卷一二六「河渠一」，中華書局，1977年，第3715頁。

〔十九〕劉惠：《乾隆朝重構黄河河源的實踐與國家認同》，載《清華大學學報》（哲學社會科學版）2018年2期，第147-154+195頁。

〔二十〕許耀桐：《當代中國「治理」概念的演進探析》，載《國家現代化建設研究》2023年3期，第100-111頁。

出版前言

黄河，中華民族的母親河，她不僅孕育了中華文明，更見證了中華民族數千年的發展歷程。習近平總書記深刻指出：『從某種意義上講，中華民族治理黄河的歷史也是一部治國史。』這一重要論述，爲新時代黄河文化的保護傳承以及流域治理提供了根本遵循，也深刻揭示了黄河治理在國家發展和民族復興進程中的核心地位。在學習貫徹習近平新時代中國特色社會主義思想，積極響應國家黄河流域生態保護和高質量發展重大戰略，大力推進北疆文化建設的背景下，《黄河國家治理文獻集成》的編纂出版，具有重要的歷史意義、學術價值與現實指導意義。

黄河治理，自古以來就是國家的頭等大事。從遠古時期大禹治水，到當代運用科學技術進行系統治理，中華民族在數千年的時間裏，積纍了豐富的治河經驗，留下了浩如烟海的文獻遺産。《黄河國家治理文獻集成》收録了元代至民國時期古籍、朱批奏摺、期刊圖片等多模態文獻資源。這些文獻内容豐富、維度多元，既包含記載河工技術、治理方略等的專書，又有漢文朱批奏摺、工程檔案以及不同區域的調查研究報告等。民國時期的文獻則標志着現代水利科學開始融入黄河治理，展現了我國水利事業在時代變革中的創新與發展。近代照片的收録則以更加直觀的方式將黄河治理、黄河沿岸的風貌呈現給讀者。

該文獻的出版，不僅是對瀕危黄河文化遺産的及時搶救與保護，更是對我國水利史、國家治理史、邊疆治理研究學術鏈條的重要補充，具有較高的文獻價值和學術意義。尤爲重要的是，這一集成工作，深度契合鑄牢中華民族共同體意識這一全黨全國各族人民的共同任務。各民族在治理黄河的歷史進程中，緊密協作、共同探索，這些珍貴文獻便是各民族交往交流交融和中華文明認同的生動見證。對這些文獻進行整理出版，能够讓各族人民更加深刻地認識到，在歷史長河中，各民族共同爲黄河治理貢獻了力量，共同守護了家園，從而進一步增强對中華民族共同體的認同感與歸屬感，夯實鑄牢中華民族共同體意識的歷史根基。

《黄河國家治理文獻集成》以『國家治理』爲核心綫索，構建起一個全面、系統、多維的文獻體系：在時間跨度上，聚焦從元代至民國這一傳統治河向現代水利轉型的歷史時期，爲深入研究我國水利事業的發展脉絡提供了清晰的時間坐標；在内容分類上，細緻劃分爲技術專著、工程檔案、區域研究、朱批奏摺、科學報告、圖片等類別，涵蓋黄河治理的各個方面，從不同角度展現了我國在黄河治理上的探索與實踐；在版本選擇上，秉持嚴謹、科學的態度，確保文獻内容的準確性與代表性，爲學術研究奠定堅實基礎。

在編纂過程中，叢書特别注重『全流域治理』的理念，不僅收録了有關下游防洪治河的重要文獻，還涵蓋了中游地區水土保持以及上游地區灌溉開發等方面的珍貴記載。這種對黄河全流域治理的全方位關注，與當前『共同抓好大保護，協同推進大治理』的要求高度契合，充分體現了叢書在傳承歷史文化遺産的同時，緊密服務于當代國家發展戰略的時代價值。

在出版過程中，嚴格保持原書的版式與行款，最大程度地還原文獻原貌。對于部分出現黴變、殘缺的頁面，運用先進的數字化修復技術進行精心處理，在保留原始批注與印章痕迹的基礎上，兼顧了文物的真實性與文獻的可讀性。

此外，爲了更好地服務讀者，方便學術研究，本叢書新增了目録、提要等内容，這些新增部分由編委會精心撰寫。新增目録一般編製二級，個别圖書編製三級；原書有目録而内文無對應標題的，根據原書目録照録；原書目録爲關鍵詞或者其他情况的不編製目録；原書目録與内文不一致的，以原書内文爲準；原書無目録的，按卷端、版心或其他部分輯録；一册書中收録多種圖書的，以書名爲一級標題，編製二或三級。在文字使用上，統一使用現代漢語規範繁體字，對于原版文獻中的异體字、避諱字也使用現代規範繁體字，無對應規範繁體字的保留原字。

《黄河國家治理文獻集成》的出版，是對黄河文化遺産的一次系統性、搶救性保護，具有重大而深遠的現實意義：從學術價值層面來看，叢書成功構建起一座連接傳統與現代治黄文獻的橋梁，爲黄河流域生態保護、水利工程史、國家治理史、邊疆治理、中華民族共同體學等多個領域的學術研究提供了豐富、翔實的基礎文獻，有力推動了相關學科的發展與創新；從文化價值角度而言，生動展現了北疆文化與黄河文化在歷史長河中的交融共生，爲内蒙古『北疆文化』品牌建設提供了堅實的文獻支撑，進一步豐富了中華文化的内涵與外延；從實踐價值方面考量，書中所蘊含的治河理念爲我們在新時代背景下實現人與自然和諧共生、推動黄河流域可持續發展提供了寶貴的歷史經驗與智慧啓示。

在此，我們要衷心感謝各藏書機構的大力支持，正是他們提供了珍貴底本資源，纔使得本叢書的編纂出版成爲可能。同時，我們也要向文化遺産智能應用服務中華民族共同體建設『英才興蒙』團隊致以崇高的敬意，他們歷經五年的辛勤耕耘，以嚴謹的治學態度和專業的學術素養，對文獻進行了系統的整理和輯録，爲叢書的内容質量提供了堅實保障。此外，我們還要特别感謝内蒙古自治區黨委宣傳部、内蒙古出版集團將本叢書納入『北疆文庫』重點項目，并在出版過程中給予全方位支持與幫助。

我們衷心期待，這套凝聚着無數心血與智慧的《黄河國家治理文獻集成》，能够在新時代的『黄河大合唱』中奏響歷史的强音，爲黄河流域生態保護和高質量發展注入强大的歷史動力，讓黄河文化在保護中傳承，在傳承中創新，在創新中不斷發展，綻放出更加絢爛的光彩。同時，希望這套叢書能够成爲促進各民族文化交流、鑄牢中華民族共同體意識的重要載體，助力各民族更加緊密地團結在一起，共同爲實現中華民族偉大復興的中國夢而努力奮鬥，讓中華民族共同體意識在黄河文化的滋養下，扎根于每一位中華兒女的心中，成爲推動中華民族不斷前進的强大精神力量。

提要

《歷代治河方略述要》，張含英（1900—2002）著，一九四六年黄河水利委員會主持編纂、商務印書館鉛印發行。

該書係首部以現代水利工程學框架，系統重構中國治黄思想史之專著。全書分八章，突破傳統編年體例，依『問題—方略—技術』三維體系构建分析框架：析論北宋『以河禦敵』、金元『利河南行』、明清『束水攻沙』之治河戰略轉型；考辨埽工技術演進與堤防協同機制，以流體力學原理驗證潘季馴『束水攻沙』理論中的臨界流速，駁斥明清時期『分水殺勢』之技術謬誤；評騭賈讓、王景、靳輔、陳潢等歷代治河名家之主張，揭櫫漕運需求對治河決策的制約與當時技術條件的局限。末章提出『上中下游統籌治理』『水沙資源化利用』核心原則，爲現代黄河綜合治理理論奠定基礎。

目録

目錄

自序

昔年在美，研習工程。教授柯樂斯（Hardy Cross）先生誨之曰：「君攻水利，亦知中國有黃河者乎？」對曰：「此固爲患四千年之巨川，經流故里，幼所習知也。」先生曰：「君亦有意袪其患而興其利乎？」對曰：「志之久矣，而未得其道也。」先生乃示所集黃河資料底稿四巨册，曰：「費禮門（J.R.Freeman）先生既研究中國運河，復受聘討論黃河問題，託余爲蒐集資料，以作參考張本。而先生終不果行。底稿凡三，余存其一，未知其他尚在世間否。君細讀之，當可裨益所學，而爲異日設施之一助也。」課餘之暇，輒趨閱覽，兼聆教益。此稿雖僅爲外人之記載，然已包括無遺矣。竊思研究黃河問題，搜求已有之資料，實爲初步工夫。回國後即留意治河典籍，遇有可取輒筆而錄之。惟我國圖書率由私家收藏，而治河之書尤散漫難得。故多於舊書肆或故紙堆中求之。且名目浩繁，論說紛歧，或則記載零碎，或則取材龐雜，故求一有系統之著述，總括之探討者殆不可得。是以欲倣柯氏之法，先自摘錄入手，再爲各別之研究，綜合而歸納之，期成爲黃河有系統之參考文獻。積之累年，稿已盈篋，顧以公事鞅掌，或南北奔馳，未暇整理。二十三年考試院院長戴公倡編黃河志，囑撰工程與水文一篇，當時能以如期完成者，即賴檢點此稿之一部，編輯以應命也。惟倉促捉筆，殊慊譾陋。其後續有採集，方期黃河志之續編可成，而其他各稿亦得陸續整理也，乃於西遷之際，遺散南京。數載心血，失於一旦，每一念及，輒爲愴然！

民國三十二年，癸未，冬，旅居渝郊。閒常披覽治河古籍以作消遣。因思舊稿既失，欲補前憾，乃就各家治河之意見，及歷代方略之演變，編纂成書，既以備忘，兼貢研究者之一助。歷時四旬，遂成此編。除第七章及附錄爲三十年春季所撰者外，餘均在此短期所成。脫略之處，知所弗免也。

古今論治河者多矣，意見紛紜，方法不同。然在方略及原則上，則大別可爲數派。是書僅選六人以爲代表。斯六人者爲集時代之大成，如由此入手研究，不難提綱挈領，融會貫通。至於其他各家，或間論之，或全略之，可於書中各章見之。然以作者見聞之閉塞，參考之缺乏，僅就關於歷代治河之方略者擇要述之，工作細則，固未詳及，至於史學上之考據，地理上之推求，尤不敢有所妄述也。

餘論一章爲就現代情況，率陳拙見，淺陋不文，難盡十一也。

附錄防洪方略一篇爲美國土木工程師協會鑒於多數民衆及一部份工程師不能確切瞭解防洪之限度及範圍，與其所含之經濟問題，特組織委員會詳爲評議而編撰者。原文載於西元一九四零年（民國二十九年）二月該會會報中。次年春季作者譯成中文，並加注釋以公諸世。內容與題材極與本書相類，且議論最爲精當，可代表近世科學昌明，資產豐富之國家之建設準則。故附之書末，以供我國治河之尙未就軌者有所借鏡，而爲登堂入室之指南焉。

中華民國三十三年甲申初春　張含英記於重慶棗子嵐埡和園東閣

歷代治河方略述要

第一章　緒言

夫水性至柔，治之非其道，則潰決無地。沙性善變，控之得其法，則冲積隨人。是以古今之治河者，法雖不同，理則無變。孟子曰：「禹之治水，水之道也。」傳曰：「順水之性也。」漢賈讓曰：「夫土之有川，猶人之有口也，治土而防其川，猶止兒啼而塞其口，豈不遽止，然其死可立而待也。」明潘季馴曰：「水有性拂之不可，河有防弛之不可，地有形強之不可，治有正理鑿之不可。」清陳潢曰：「嘗觀人事萬端，或可騁機巧，或可事矯揉，或可仕粉飾，猶得掩耳目於一時，襲虛名於後世。若水之性，一定而不可移。而黃水之性，尤奔注而不可遏，挾沙而不可停。且河淮合流之區絕無山陵阻恃，更散漫而不可約束。是機巧於此無所騁，矯揉於此無所事，粉飾於此無所任，惟有順其性而利導之之一法耳。故孟子云：行所無事，誠千古治水之至言，爲千古神禹之知已也。」近世李儀祉曰：「今之歐美治河者，大抵宗自然之論。謂中葉治河者，迷信科學可以統馭一切，惟水亦然。指之東則東，指之西則西。乃施之實際，而無不失敗。於是繼之者乃知人之才力究屬有限，而人定勝天爲弗可能之事也。然所謂自然之論，非捨棄科學，乃正需科學以闡明自然，因乎自然，以改良水道。所謂自然者無他，卽孟子所謂水之道，而今人之所謂水性也。」是治河之主張，皆爲因乎自然，順乎水性，古今如一也。然則三代兩漢之法，果可行於今世乎？事或可能，而有未盡然者。蓋以形勢變遷，需求更易，而學術有進步，器材有新興也。故古法可採而不可泥，新法可施而不可濫。要在識時應勢，善爲運用而已。

夫水性　豈易知哉！科學未明之時，僅具概念而已。近世始進爲觀測試驗分析之功，漸窺門徑。然治水之道，在科學中依然幼稚。況水性之研究尚易，而河道之變化無窮。千百河道有千百之特性，即有千百治理之方策。是以治河之原理雖一，方法之應用各異，固不能膠柱而鼓，亦不可削足就履。是其有賴於經驗及判斷者，實較他種工程爲繁也。李儀祉曰：「現在科學怎樣發達，却是治河的工事，可以講仍然是幼稚。河道是有伸縮性的，有演變性的，河道在地面的流通，比如人身上的血脈。我們對於河道的研究，遠不如生理學家，病理學家對於血管的研究。」蓋以流水有升降，攜物有多寡，河槽有冲積，有一於此，已感控制之匪易，況三者同時變化，且又復爲詭譎難測者乎？

治水之事，關係大衆之福利，故有類公共事業，每爲國人所關懷。因之最易引起人民之陳訴，社會之批評。然其事至煩，固不如改善一段公路，修整幾節陰溝之簡且易也，況又時肇巨災？於是乎此科學基礎薄弱之事業，又加於人事糾紛漩渦之中矣。是以歷代常因此引起政爭。故言者盈庭，每乏科學之依據，復多閃鑠之論調，則難辨孰是孰非；更聽人事之好惡，鮮作客觀之批評，益不辨何適何從。雖競言乎本諸水性，而方法不同，咸稱曰旨存救民，而取捨各殊。此所以治河意見之極爲紛歧，而爲亘古爭辯之所結也。

然我國治河已有四千餘年之歷史，大體言之，治河之方策代有演變，頗具歷史之背景。如兩漢以賈讓三策爲中心，宋代以南北分流爲爭點，明代則趨於分黃導淮之辯議，近世則欲以水力之原理，科學之方法，作標本兼籌之探討。不佞曾爲「治河策略之歷史觀」一文論之。茲節錄其結論，以明治河方略演變之梗概焉：

大禹治水，自積石以至於海，其詳不可考，而後世第以下游爲目標，故只論「禹道」與「九河」，其他則不知也。逮乎西漢，知禹道之不可復，九河之難實現，賈讓乃師其意而主不與水爭地之說，延年則根本欲改河之道，旁引之以嫁禍匈奴。及至宋朝，河槽既淤，河道亦紊，乃競趨分疏之議，又不能貫徹其旨。元之賈魯則主疏濬塞三法並舉，所謂塞者即「抑河之暴，因而扼之」也。蓋自鯀築隄以障帝都，而功弗成，後人鮮有敢言築隄以障水者，賈魯之主塞，亦鑒於宋河之紊亂也。及至明潘季馴則主塞旁決以挽正河，以隄束水，以水攻沙，一變元以前治河之策，然常爲時論所攻擊。故潘氏爲之辯曰：「禹貢云：九澤旣陂，四海會同。傳曰：九州之澤，已有陂障，而無決潰，四海之水，無不會同，而各有所歸。則禹之導水，何嘗不以隄哉？」於此可見欲其政策之施行，亦必以禹爲根據而後可也。殊不知潘氏之議，乃承宋元之後，不得不以隄耳。清朝因之。及至今世，治河方策，又正在極大演變之中矣。

簡言之，鯀以隄而失敗，後世則取放任之策，迨至河道紊亂而不可收拾，於是乃採用隄制；漸至防不勝防，而有今日諸說。

是以古今之言治河者雖夥，要可歸納數點以爲代表，本書則列舉六人：上古之大禹，西漢之賈讓，元之賈魯，明之潘季馴，清之陳潢，近代之李儀祉也。河自大禹治導功成之後，迄周而漢，河患漸烈。武帝元鼎間，齊人延年上書言：「河出昆侖，經中國，注渤海，其地勢西北高而東南下，可案圖書觀地形，令水工準高下，開大河，上領出之胡中，東注之海。如此則關中無水災，北邊不憂匈奴。……」書上，帝壯之，惟以河乃大禹所道，恐難更改，遂寢其議。此說無論其在地理上之不可能，卽或能之，裨益於下游水患者無多。其詳可參閱拙著「治河論叢」一書。成帝綏和二年求能治河者，待詔賈讓上言治河三策，遂引起千數百年之爭辯。東漢明帝永平十二年，議修汴渠，有薦樂浪王景能治河者，詔發卒數十萬。景以汴之廢也由於河之亂，故修汴必先治河，乃自滎陽東至千乘海口千餘里，商度地勢，鑿山阜，破砥磧，直截溝澗，防遏衝要，疏決壅積，十里立一水門，令更相洄注，無潰漏之患。蓋以黃河東移，民不堪命，賈讓之策旣不可行，乃事整理河槽，修築隄防。其後千載無患者，皆景之功也。其原理詳於本書第七章第十四節。

宋仁宗慶曆八年河決商胡，至天津入海，是爲北流。越十二年分流於魏，成二股河。南宋光宗紹熙五年（河決陽武，至壽張注梁山濼，北派由大淸河入海，南派由南淸河入淮。有宋之世河道屢變，而河患亦最烈。初眞宗大中祥符年間，李垂上導河形勢書三篇，並圖。不以疏禹九河故道爲是，而主張自滑台而下派之爲六。廷臣議其煩費，遂寢。天禧三年，滑州河溢，東入於淮。李垂又上書言疏河，擬另疏一道，自上流引北，載之高地，東至大伾，瀉復於澶淵舊道，使南不至滑州，北不至通利軍。又以煩擾罷之。蓋河至宋室已呈淤塞之象，故李垂屢議疏之以圖挽救也。及河決商胡，自天津入海，新流不暢，賈昌期欲復橫隴故道，李仲昌請自澶州商胡河穿六塔河，引河歸橫隴，以殺其勢。而歐陽修三上疏極言其不可。仁宗嘉祐三年塞商胡北流，入六塔河，河小不能容，當夕復決，自後無復言橫隴者。及河分二股，論治河者又轉爲二股河之疏濬矣。先以司馬光與王安石之意見不合，後則文彥博與范純仁之主張各異。東流北流，忽塞忽決，了無定見。河既淤澱，復有李公義者獻鐵龍爪揚泥車法以濬河。人皆知其不可用，惟安石善其說，亦終無成。總之，有宋一代河道紊亂已極，河槽淤澱日甚，而議事者又格於黨派之見，國家復日就貧弱，無暇顧及，故終於有宋之世而河不治也。

元代賈魯治河，不特功業彪炳，而治法亦爲之一變。及至明代，太行隄成河遂南流。又以建都燕京，於是治河必兼顧漕運。潘季馴曰：「河非可以人力導也，欲顧其性，先懼其溢。惟當繕固隄防使無旁決，水入地益深，沙隨水去，則治防即導河也。」發古人所未言，且與賈讓之斥隄，宋元之主疏者大相徑庭。故明清之世，則着重隄防，而其修守之法，亦爲歷代最。

總上觀之，本書之所未能包括者爲延年之議，王景之功，兩宋之爭辯是也。然延年之議涉於空洞，王景之功略有論及，至兩宋之爭辯，多爲局部之議論，意氣之爭執，故從略也。他若純持自利之見者，如漢之田蚡，更不足論矣。是以本書雖僅舉六人，而其學說乃積千萬人之心血，累若干代之經驗，集合而成，至足代表治河之意見。再則本書既專述治河之方略，其關於方法之細則，除爲便於說明起見略有引述外，則概弗涉及。

然歷代治河僅見一治一亂之跡，而少正本清源之策。故雖治理四千餘年，而水患之頻仍如故也，河道之荒廢如故也。以歷史之眼光評之，未見有何等進步，爲可悲也！今世科學日昌，器材日新，本歷代之治策以資參考，有歐美之成規可供觀摩。是則治河歷史之新頁，端賴國人之努力，幸勿重複表演，而蹈舊日之覆轍，則不禁翹企望之矣！

第二章 大禹

一 治水程序

帝堯六十有一載，甲辰（西元前二二九七年），洪水滔天，帝咨四岳，舉鯀俾乂；帝乃封鯀爲崇伯，使治之。鯀大徒，作九仞之城，九載，積用弗成。七十有二載，使鯀子禹作司空，以續父業。命諸侯百姓，與人徒以傅土。禹乘四載，行山表木，勞心焦思。以水之患莫大於河，乃導河積石，至於龍門。南至於華陰，東至於砥柱。又東至於孟津，東過洛汭，至於大伾。北過洚水，至於大陸。又北播爲九河，同爲逆河，入於海。

禹八年於外，三過其門而不入，始冀州、次兗、次青、次徐、次揚、次荆、次豫、次梁、次雍。過九川，度九山，陂九澤，任土作貢，則壤成賦，弼成五服，外薄四海，於是禹錫元圭，告厥成功。治水程序，當由下而上。大禹施工之次第，蓋自冀而兗，以疏河之下游，自青而徐，以疏淮之下游，自揚而荆，以疏江漢之下游。然後自豫而梁，以濬伊、洛之源，自梁雍以濬河、渭之源，俾大者有所歸，而小者有所洩，皆順其自然，因勢而利導之也。

二 禹道及九河

大禹治河自積石以至於海，其詳多不可考。然「禹道」與「九河」之辯，後世聚訟不休。議禹道者，則以「大禹所道」，不敢更張。及其他徙，又以「大禹所道」，倡議恢復考禹治河於帝堯八十載，癸亥（西元前二二七八年），後歷一六七六年而初徙於周定王五年，丁巳。河決滎陽宿胥口（在今濬縣西南），東行漯川至長壽津（在今滑縣之北），始與漯別行，其北約與今衛河平行，至今滄縣與漳合，由章武（在今鹽山縣西北）

入海。河自此南移。又歷六一三年而再徙於王莽始建國三年，辛未，河決魏郡（舊治在今臨漳縣西南）經清河（在今縣東）以東，平原（舊治在今縣南），濟南（舊治在今歷城縣東）數郡東北流至千乘（舊治在今高苑縣東）入海。而河益南移，大伾以東，舊道盡亡矣。又歷一〇三七年而三徙於宋仁宗慶歷八年，戊子。河決商胡（在今濮縣東北），而橫隴（在今濮陽縣東）之京故道遂塞。北流合永濟渠（即今運河），注乾寧軍（在今青縣），又東北經獨流口，又東北至劈地口（在今天津）入於海。河又稍向北移。又歷一四六年而四徙於宋光宗紹熙五年，甲寅。河決陽武（故縣在今縣東）故隄，灌封邱而東，歷今長垣、東明、菏澤、濮縣、鄆城、范縣諸縣境，東至壽張注梁山濼，分爲二派。北派由北清河（即大清河亦即今黃河經濟南至利津入海之道）入海。南派由南清河入淮，即泗水之故道也。在此二千四百七十二年中，河道縱橫遷徙於禹道及大清河之間，其勢則南趨也。至紹熙甲寅之決，而河水南流入淮矣。其後河雖大半入淮，而北清之流，猶未絕也。迨至元世祖至元間，河之南徙益劇。二十六年會通河（即今運河）成，北流愈微。明孝宗弘治七年，甲寅，築太行隄成，北流遂絕，河乃沿今蘭封、商邱、銅山、淮陰奪淮入海。河之南行者凡三百年。後又歷三六一年而六徙於清文宗咸豐五年，乙卯。河決封邱蘭封交界之銅瓦廂，東北流，奪大清河自利津入海，沿宋紹熙之北派，亦即今行之河道也。河道遷徙於大清河及淮河間者，又六百六十一年。六徙之後，迄已八十九年，每有潰決，南則入淮，而北流鮮越金隄，其爲害僅及豫北，魯西及冀南之一角而已。民國二十七年，戊寅，六月河自鄭縣花園口潰決南氾，沿賈魯河串流渦、淝、茨、沙諸水，分注於淮，除殊漲外，舊槽枯竭，已近六年矣。統觀四千年來，河有逐漸南趨之勢。此固不純因治導之非策，實以黃河南北之大平原，盡爲其淤積所成，一道行久淤高，又復他徙，自然之勢也。若無根治之策，迨南地高仰，又必逐漸北移。是故主張復禹道者，或勢所不能，然時機一至，即自趨之也。昔者不佞曾計劃詳測黃河下游大平原之地形圖，以期明瞭山川之形，沖積之勢，而爲規劃治導之張本，雖經創始，而匆匆十年，成就無多也。

河自大陸（大陸澤在今河北鉅鹿縣北）北播九河，同爲逆河入於海。而九河之名，記載不詳。後經歷代考據，始定稱爲徒駭、太史、馬頰、覆釜、胡蘇、簡、絜、鉤盤、鬲津。治河之主分疏者，每稱九河之說。實則分之理，自有依據，而大禹之治策既不可詳考，九河之形跡亦堙殁無存，自不必爲臆度之爭辯也。況太古時，人煙稀少，大陸而下，地或汚窪，大禹乃因其勢而順導之，或非以人工濬九河也。如明時雲梯關下，今之利津縣東，黃河入海皆有數道，或同時分洩，或此淤彼通，皆聽其自然也。若以地質學者觀之，鄭縣而下，又何嘗不如今日利津之東耶？

關於大禹治水之考據及地理學上之辯論，後世刊行著述甚夥。茲僅就其有關治河方略者言之，提供參考而已。

第三章　賈讓

一　河道形勢

周定王五年，己未（西元前六〇二年），河徙宿胥口（在今河南濬縣西南），東行漯川，至長壽津（在今河南滑縣東北）與漯川別行，北合漳水，至章武（在今河北鹽山縣西北）入海。漢文帝十二年，癸酉（西元前一六八年），冬十二月，河決酸棗（在今河南延津縣北），東潰金隄。武帝建元三年，癸卯（西元前一三八年），河水溢于平原（在今山東平原縣南）。元光三年，己酉（西元前一三二年）春，河水徙，從頓丘（在今河北清豐縣西南）東南流。夏，復決濮陽（在金縣南）瓠子，注鉅野，通淮泗，汎郡十六。元帝永光五年，壬午（西元前三九年），冬十二月河決。初，武帝既塞宣房，河復北決於館陶（在今縣西南），分爲屯氏河，東北入海，廣深與大河等，故因其自然，不隄塞也。是歲河決清河（在今縣東）靈鳴口，而屯氏河絕。成帝建始四年，壬辰（西元前二九年），夏四月，河決東郡（治濮陽）金隄，灌四郡三十二縣，居地十五萬畝，壞官亭廬舍且四萬所。河平三年，乙未（西元前二六年），秋八月河復決平原，流入濟南，千乘（舊治在今山東高苑縣北），所敗者半。鴻嘉四年，甲辰（西元前一七年）秋，渤海、（舊治在今河北滄縣），清河、信都（舊治在今河北冀縣北）河水湓溢，灌縣邑三十一，敗官亭民舍四萬餘所。綏和二年（西元前七年）賈讓上言治河策。十數年後，新莽始建國三年，辛未（西元一一年）。河決魏郡（舊治在今河南臨漳縣西），泛清河、平原、濟南至千乘入海。不隄塞，而河遂遷徙。

平原、清河、濟南、千乘、渤海、信都、魏郡等，皆漢當郡。東郡爲秦置，治濮陽，在今河北濮陽縣南。平原故治在今山東平原縣南二十里。清河治清陽，在今河北清河縣東。濟南治東平陵，在今山東歷城縣東七十五里。千乘舊治城在今山東高苑縣北二十五里。渤海治浮陽，在今河北滄縣。信都故治在今河北冀縣北。魏郡治鄴，在今河南臨漳縣西南四十里。至於冀州，周漢俱設，包括今河北山西二省，及河南黃河以北，遼寧遼河以西之地。統觀西漢之世，河決頻仍之地，爲河北之濮陽，河南之濬、滑，山東之臨清。其次北至河北之深縣、滄縣、南至河南之延津。而氾濫之區域，則包括冀南、魯北、魯西、豫北、及蘇北一帶。

二　徙冀州之民當水衝者

漢成帝綏和二年，待詔賈讓言治河有上中下策：

古者立國居民，疆理土地，必遺川澤之分，度水勢所不及，大川無防，小水得入。陂障卑下，以爲汙澤。使秋水多得有所休息，左右游波，寬緩而不迫。夫土之有川，猶人之有口也。治土而防其川，猶止兒啼而塞其口，豈不遽止，然其死可立而待也。故曰善爲川者決之使道，善爲民者宣之使言。蓋隄防之作，近起戰國，雍防百川，各以自利。齊與趙魏以河爲境，趙魏瀕山，齊地卑下，作隄去河二十五里。河水東抵齊隄，則西泛趙魏，趙魏亦爲隄去河二十五里。雖非其正，水尚有所遊盪。時至而去，則填淤肥美，民耕田之。或久無害，稍築室宅，遂成聚落。大水時至漂沒，則更起隄以自救，稍去其城郭，排水澤而居之，湛溺固有其宜也。今隄防陿者去水數百步，遠者數里。近黎陽南，故大金隄從河西西北行，至西山南頭，迺折東與東山相屬。民居金隄東爲廬舍，住十餘歲，更起隄從東山南頭，直南與故大隄會。又內黃界中有澤方數十里，環之有隄。往十餘歲，太守以賦民。民今起廬舍其中，此臣所親見者也。東郡白馬故大隄亦復數重，民居其間。從黎陽北盡魏界，故大隄去河遠者數十里，內亦數重，此皆前世所排也。河從內黃北至黎陽爲石隄，激使東抵東郡平岡，又爲石隄，使西北抵黎陽觀下，又爲石隄，使東北抵東郡津北，又爲石隄，使西北抵魏郡昭陽，又爲石隄，激使東北。百餘里間，河再西三東，迫阸如此，不得安息。今行上策，徙冀州之民當水衝者，決黎陽遮害亭，放河使北入海。河西薄大山，東薄金隄，勢不能遠，氾濫期月自定。難者將曰：若如此敗壞城郭田廬塚墓以萬數，百姓怨恨。昔大禹治水，山陵當路者毀之。故鑿龍門，闢伊闕，折砥柱，破碣石，墮斷天地之性，此乃人功所造，何足言也。今瀕河十郡，治隄歲費且萬萬，及其大決，所殘無數。如出數年治河之費，以業所徙之民，遵古聖之法，定山川之位，使神人各處其所，而不相奸。且大漢方制萬里，豈其與水爭咫尺之地哉！此功一立，河定民安，千載無患，故謂之上策。

賈氏之論，似以黎陽為重心。黎陽為漢置縣，故城在今河南濬縣東北，亦卽其時河患最甚之區。所謂「民居金隄東為廬舍，住十餘歲，更起隄從東山南頭，直南與故大隄會。」是於臨河之地，又築圈隄者也。地在黎陽境。「內黃有澤方數里，環之有隄。」內黃亦漢置縣，故城在今城西北，濬縣之隣封也。「東郡白馬故大隄，亦復數重，民居其間。」白馬為秦置縣，故城在今滑縣東二十里；白馬津在滑縣北，亦濬之鄰封也。「從黎陽北，盡魏界故大隄，去河遠者數十里，內亦數重。」魏郡治鄴，在今臨漳縣西南四十里，內黃之鄰封也。「百餘里間，河再西三東。」皆在黎陽左右。蓋深鑒於河為民侵，其禍日烈，故議遷當水衝之民。非漫指一般形勢，任河橫流，使民避之，而不與水爭之謂也。世人不察，每起誤解。長江流域各湖，歷年受居民侵佔，湖地日減，而節蓄水流之能力日弱，中央遂有廢田還湖之令，以事限制。還湖非避湖也。賈氏之議，亦與此暗合，卽廢田還河，非避河也。又以黎陽一帶侵河最甚，而為患最烈，故欲徙民之當水衝者，俾水有所容，而少衝決之虞也。至云決黎陽遮害亭，放河使北入海，則欲使河移於金隄之西，俾其西薄大山，蓋或以河平鴻嘉之世，河道數決，自必氾濫縱橫，南自千乘，北至章武，分洩數股，漫散東流。是賈氏欲引之使北，以復故道也。但就形勢而論，所言亦僅至魏郡，蓋以北行入漳，東北流則距山地遠矣。後世多就「不與水爭地」及「徙民以避水」之說，漫為解釋，毫無限制，殊有未當也。至於專就黎陽一帶而論，其方策是否適當，則以年代久遠，形勢變遷，河道更易，難以揣測，未敢妄為臆說也。靳輔之言曰：「讓之三策，自為西漢黎陽東郡白馬間言，未嘗全為治河立論也。」頗為有見。

若乃多穿漕渠於冀州地，使民得以溉田，分殺水怒，雖非聖人之法，然亦救敗術也。難者將曰：河水高於平地，歲增隄防，猶尚決溢，不可以開渠。臣竊按視遮害亭西十八里，至淇水口迺有金隄，高一丈。是東地稍下，隄稍高，至遮害亭高四五丈。往五六歲河水大盛，增丈七尺，壞黎陽南郭門，入至隄下，水未踰隄二尺所。從隄上北望，河高出民屋，百姓皆走上山。水留十三日，隄潰二所，吏民塞之。臣循隄上行視水勢，南七十餘里至淇口，水適至隄半，計出地上五尺所。今可從淇口以東為石隄，多張水門。初元中，遮害亭下河去隄足數十步，至今四十餘歲，適至隄足。由是言之，其地堅矣。恐議者疑河大川難禁制，滎陽漕渠足以卜之。其水門但用木與土耳。今據堅地作石隄，勢必完安。冀州渠首，盡當仰此水門。治渠非穿地也，但為東方一隄，北行三百餘里入漳水中，其西因山足高地，諸渠皆往往股引取之。旱則開東方下水門溉冀州，水則開西方高門分河流。通渠有三利，不通有三害。民常罷於救水，半失作業，此一害也。水行地上，湊潤上徹，民則病濕氣，木皆立枯，鹵不生穀，此二害也。決溢有敗，為魚鼈食，此三害也。若有渠溉，則鹽鹵下濕，填淤加肥，此一利也。故種禾麥，更為秔稻，高田五倍，下田十倍，此二利也。轉漕舟舡之便，此三利也。今瀕河隄吏卒郡數千人，伐買薪石之費，歲數千萬，足以通渠成水門。又民利其灌溉，相率治渠，雖勞不罷。民田適治，河隄亦成。此誠富國安民，興利除害，支數百歲，故謂之中策。

黃河下游溉田之法，行者甚少。一因泥沙過多，渠道易淤；二因河流洶猛，閘門難守；三因水漲最足，多在雨季，冬春歸槽，汲引困難。苟有補救之策，則河水必可利用。賈氏所論西高東下，地勢宜也；東為石隄，防守堅也；填淤加肥，泥可用也。在黎陽一區，未始不可作灌淤潤田之用。但欲藉此以分殺水怒則非矣。暴漲之時，多在伏秋，為北方雨季，田禾需水較少。故灌田對於防洪，雖不無裨益，而影響頗小。至若「水則開西方高門分河流」，則減水閘之意也，其效稍著，然未言及洩水之去路。

四　繕完故隄增卑培薄

若乃繕完故隄，增卑培薄，勞費無已，數逢其害，此最下策也。

若欲保守黎陽南之圈隄，內黃之環隄，白馬及黎陽北之重隄，以及黎陽百餘里之石隄，迫河再西三東，歲繕時修，誠所謂治河之下策也。蓋以壅塞百川，各自爲利，此曲防之隄也。只圖一時之利，不計百年之災，專尚人爲之造作，蔑視天然之性能，自非治河之法，故賈氏鄙之。此僅就曲防而言，非漫指隄防，故不得因此而謂賈氏「築隄」爲治河下策，然已引爲千餘年來爭辯之焦點矣。大凡天下之法，用之適其時得其地者利，悖其時非其地者害。若抱膠柱鼓瑟之見，逞尋章摘句之智，非可以言學問矣。

第四章　賈魯

一　河道形勢及政治背景

河自宋光宗紹熙五年，甲寅（西元一一九四年），決於陽武，出胙城（故城在今延津縣北三十五里）南，分爲二派，南流由南清河入淮，北流循大清河入海，而河水入淮者大半。逮元世祖至元二十六年，己丑（西元一二八九年），會通河成，北派漸微。

元順帝至正四年，甲申（西元一三四四年），五月，大雨二十餘日，黃河暴溢，平地水深二丈許，北決白茅隄。六月又北決金隄。並河郡邑濟寧單州、虞城、碭山、金鄉、魚台、豐縣、沛縣、定陶、楚邱（在今山東曹縣南五十里）、城武，以至曹州、東明、鉅野、鄆城、嘉祥、汶上、任城（今山東濟寧縣）等處皆罹水患。北侵安山（鎮名在今山東東平縣西十五里），沿入會通運河，延袤濟南、河間，將壞兩漕司鹽場。五年河決濟陰（今山東菏澤縣）漂，官民廬舍殆盡。六年河再決。

至正九年冬，脫脫既復爲丞相，慨然有志於事功。論及河決，即言於帝，請躬任其事。帝嘉納之，乃命集羣臣，議廷中，而言人人殊。唯都漕運使賈魯昌言必當治。先是魯嘗爲山東道奉使宣撫首領官，循行被水郡邑，具得修捍成策。後又爲都水使者，奉旨詣河上相視，驗狀爲圖，以二策獻。一議修築北隄以制橫潰，其用功省。一議疏塞並舉，挽河使東行，以復故道，其功費甚大。及是復以一策對。脫脫韙其發策。於是遣工部尚書成遵與大司農禿魯約視河，議其疏塞之方以聞。遵等自濟、濮、汴梁、大名行數千里，掘井以量地之高下，測岸以究水之淺深。博采輿論，以謂河道斷不可復。且曰：山東連歉，民不聊生，若聚二十萬衆於此地，恐他日之憂又有重於河患者。時脫脫先入魯言，及聞遵等議，怒曰：汝謂民將反耶？自辰至酉，論辯終莫能入。明日執政謂遵曰：修河之役，丞相意已定，且有人任其責，公勿多言，幸爲兩可之議。遵曰：腕可斷，議不可易。遂出遵河間鹽運使。議定，乃荐魯於帝，大稱旨。十一年，辛卯（西元一三五一年），四月初四日下詔中外，命魯以工部尚書爲總治河防使，進秩二品，授以銀印。發汴梁大名十有三路民十有萬人，廬州等戍十有八翼軍二萬人供役。一切從事，大小軍民咸稟節度，便益輿繕。是月二十二日鳩工，七月疏成，八月決水故河，九月舟楫通行，十一月水土工畢。諸埽諸隄成，河乃復故道，南匯於淮，又東入於海。（節錄至正河防記）

賈魯以連年決河，水流漫溢，無正道可循，故倡言挽回故道。是至正河防記所載之方法及事蹟，皆爲就此次大工而言，自不可視爲治河方略之全面。然堵塞決口，修復殘隄，淤者濬之，衝者禦之，救偏補弊之策，盡於是矣。

二　治河有疏有濬有塞

歐陽玄既爲河平之碑以旌勞績，又以爲司馬遷班固記河渠溝洫，僅載治水之道，不言其方，使後世任斯事者無所考。乃從魯訪問方略，及詢過客，質吏牘，作至正河防記。欲使來世罹河患者按而求之。其言曰：

治河一也，自疏有濬有塞。三者異焉。釃河之流因而導之謂之疏；去河之淤因而深之謂之濬；抑河之暴因而扼之謂之塞。疏濬之別有四：曰生地，曰故道，曰河身，曰減水河。生地有直有紆，因直而鑿之，可就故道。故道有高有卑，高者平以趨卑，高卑相就，則高不壅卑不瀦，慮夫壅生潰，瀦生湮也。河身者水雖通行，身有廣狹，狹難受水，水溢悍，故狹者以計闢之；廣難爲岸，岸善崩，故廣者以計禦之。減水河者，水放曠則以制其狂，水隳突則殺其怒。

治隄一也，有刱築、修築、補築之名。有刺水隄，有截河隄，有護岸隄，有縷水隄，有石舡隄。

治埽一也，有岸埽，水埽，有龍尾、攔頭、馬頭等埽。其爲埽臺及推捲牽制薶掛之法，有用土，用石，用鐵、用草、用木，用杙，用絙之方。

塞河一也，有缺口，有豁口，有龍口。缺口者已成川；豁口者舊常爲水所豁，水退則口下於隄，水漲則溢出於口；龍口者水之所會，自新河入故道之源也。記中續述各工之方法及度量。

治河者乃欲維持適當河槽，而不使之溢潰也。其當分者，則疏之以殺其怒，其當合者，則塞之以併其流，遇有壅淤，則濬之以利宣洩。至於築隄所以防溢，鑲埽所以禦潰，塞決則臨時之工也。言雖簡略，而治河之大旨備矣。

三　賈魯河正名

今地理上所稱之賈魯河，上游爲須索二水，出滎陽縣，合爲須索河。東至鄭縣，會京水等，以下則名曰賈魯河。自中牟縣城南，東南流經潘店湖，仇店，盧館，而至尉氏縣城東，經南曹折而東南，至白潭南流，經呂潭，以至扶溝縣城東，經練寺集，紅花集，繞西華縣城，南流至周家口入沙河。此亦即民國二十七年（西元一九三八年）河決花園口，南流入淮所循之西道也。土人稱之曰運河，爲河南去淮之主要航道。傳爲宋之惠民河，亦名蔡河。惟賈魯所治，乃自曹縣蘭封之交，經商邱、碭山、銅山，循泗沂之下游，奪淮入海之道。二者相去數百里，不可混爲一談。夫鄭縣而東，數受河患，淤湮疏通，水道系統紊亂，今昔形勢頓改。按圖索驥，固不可得。然今之賈魯河與賈魯所復之故道，確非一河，則不可不明辨之也。

第五章　潘季馴

一　傳略

潘季馴字時良，號印川，浙之烏程（今吳興縣）人也。生於民武宗正德十六年，辛巳（西元一五二一年）。十三歲爲高才生廩於學。世宗嘉靖二十八年，己酉（西元一五四九年），以其經魁省試。明年成進士，授九江府推官。後徵拜御史，復巡撫廣東，行均平里甲法，廣人大便。臨代去，疏請飭後至者，守其法，帝從之。擢大理寺丞。

嘉靖四十四年，乙丑（西元一五六五年），秋七月，河盡北徙，決沛之飛雲橋，橫截逆流，東行踰漕入昭陽湖，泛濫而東，平地水丈餘，漕道爲梗。八月，工部尚書朱衡請開都御史盛應期原議新河，自南陽至留城出茶城口，就高昂避漫流。帝以爲然，乃命朱衡督理，時潘氏由少卿進右僉都御史，總理河道，副之。共開新河百四十一里，濬舊河五十三里，役丁夫九萬餘，八閱月而成。晉右副都御史，尋以憂去。

穆宗隆慶三年，己巳（西元一五六九年），河決沛縣。次年河決睢寧曲頭集、王家口、馬家淺等處，運道沙墊，一百餘里俱爲平陸，淤重儲船九百餘隻。起潘氏原官，再理河道，塞決口，緣河築隄百五十里，明年工竣。居無何，廷臣言河數不治，工費無已時，不若廢舊渠開泇河，以便漕，潘氏意不同，忤之。坐驅運船入新溜，漂沒多，爲勘河給事中劾罷。

神宗萬曆四年，丙子（西元一五七六年），潘氏以原官起，撫江西。明年遷刑部右侍郎。八月河決桃源之崔鎮，黃水北流，淸口淤澱；淮決高家堰，全淮南徙，淮揚高郵寶應間皆爲巨浸。河漕尚書吳桂芳議復老黃河故道，而總河都御史傅希摯欲塞決口，束水歸槽，兩人議不合。會吳桂芳卒，六年，午寅（西元一五七八年），三月，詔潘季馴晉右都御史兼工部左侍郎以往，仍勅總理河漕，以一事權。漕撫侍郎江一麟副。仲撫臣境內河闢道，皆受約束。而是時廷臣策河事者以百數，言人人殊。潘氏以故道久湮，雖濬復其深廣必不能如今河，議築崔鎮以塞決口，築遙隄以防潰決。又淮清河濁，淮弱河強，當藉淮之清，以刷河之濁，築高堰束淮入清口，以敵河之強。使二水並流，則海口自濬。遂條上六事（即兩河經略疏）。詔如議。且言今日之事，不難治河，而難衆口，復條陳支放、分督、責成、激勸、優恤、蠲免、改折、息浮言等八事，亦如議。仍假之便宜，不中制。乃得行一意，集羣力，遂於次年冬而兩河工畢。總計築土隄一十萬二千二百六十八丈三尺一寸；砌石隄長三千三百七十四丈九尺；塞大小決口共一百三十九處。建減水石壩四座，每座長三十丈；修建新舊閘三座，車壩三座；築攔河順水壩十道；建涵洞二座，減水閘四座；濬運河淤淺長一萬一千五百六十三丈五尺；開河渠二道；栽低柳八十三萬二千二百株；其各隄尚卑，酌量地形低昂，隨宜增損，自一丈二至七八尺不等。八年，庚辰（西元一五八〇年），春，加太子少保，進工部尚書兼左副都御史。

萬曆九年，辛巳（西元一五八一年），改南京兵部尚書，參贊機務。十一年召爲刑部尚書。初潘氏之起也，以張居正援。張氏歿，家屬盡幽繫。子敬修自縊死，潘氏言張母逾八旬，旦暮莫必其命，乞降特恩宥釋。又以治張氏獄太急，宣言張氏家屬斃獄者已數十人。先是御史李植、江東之輩與大臣申時行、楊巍相訐，潘氏力右時行、巍，痛詆言者。言者交怒，植遂劾潘黨庇張居正，落職爲民。

萬曆十六年，戊子（西元一五八八年），河決偃師，浸淫諸郡縣。帝憂之，遣科臣勘視，督責撫臣，畫地經理，然莫能統一。臺省交章言潘氏故習河，數任事有功，以讒去，非其罪，可策而使也。帝意解，乃以右都御史起於家，總督河道。自吳桂芳後，河漕皆總理，至是復設專官。明年黃水暴漲，衝入夏鎮，壞田廬，居民多溺死。潘氏復築塞之。十九年，二品九年滿考，詔復原官爲太子少保工部尚書兼右副都御史，階資德大夫勳正治上卿，予三代誥，仍賜白金文綺。積勞成病，三疏乞休，不允。二十年，壬辰（西元一五九二年），泗州大水，城中水三尺，患及祖陵。議者或欲開傅寧湖至六合入江，或欲濬周家橋入高寶諸湖，或欲開壽州瓦埠河以分淮水上流，或欲弛張福隄以洩淮口。潘氏謂支渠不可濬，新河不可開，祖陵王氣不宜輕洩。而巡撫周寀、陳於陛、巡按高舉謂周家橋在祖陵後百里可疏濬。議不合。都給事中楊其休請允潘氏去。

潘氏歸踰年，病風痺，方困臥，聞有妄意譚河者，輒嚬蹙曰：國家何負若曹，而欲破壞之耶？易簀時，猶喃喃河事，意若有戀戀於國家者。遂以萬曆二十三年，乙未，（西元一五九五年）四月十有二日卒。卒時年七十有五。

（右傳據申時行撰宮保大司空潘公傳，明史潘季馴傳，信史紀事本末及潘氏遺著等編纂。生年爲以卒年推算。）

二　河道形勢與漕運及祖陵之關係

欲研究潘氏之治河方略，當先知其時之河勢變遷，國家需要，與夫河道本身問題之所在。故先述河道之形勢及其與漕運祖陵之關係。

河自宋仁宗慶曆八年（西元一〇四八年）三徙之後，宋室衰微，外患內憂，紛至沓來，無暇及河。其後金宋相爭，利河爲險，互作攻守之具，乃有南宋紹熙五年（西元一一九四年）之四徙。三百年間，治理不得其道，至明孝宗弘治五年決金龍口。潰黃陵岡，再犯張秋。六年（西元一四九三年）「乃命都御史劉大夏平江伯陳銳役丁夫十二萬有奇，一濬孫家渡口，開新河導水南行，由中牟至潁川，東入於淮。一濬四府營淤河，由陳留至歸德，分爲二派，一由宿遷小河口入淮，一由亳州渦河入淮。分土命工，始塞張秋。」（歷代河決考）並築太行隄，次年告成。惟「不久遂淤」（河議辯惑），其後復續有變遷。據給事中尹瑾恭進河圖疏中所稱：

竊惟黃淮二河，古稱二瀆，黃河發源於星宿海，經崑崙山，歷陝西、山西、河南出南直隸之徐州，合山東汶、泗諸水，以資運道。自徐經邳至淸河縣東與淮水會。淮河發源於河南之桐柏山，經鳳、泗州，亦至淸河縣東，與黃河會。二瀆合流，俱經安東縣，由雲梯關入海。其淮河以南，則由淮安歷揚州以通江南，黃河以北則由會通河歷天津以達京師。兩河合抱於鳳泗，光嶽鍾祥於祖陵，爲我國億萬年根之地，實任於此。黃、淮、運三大河及其他各水系於蘇北魯南交織成一縱橫之水道網，防其害，利其運，維持而無大變者殆四百年，可謂煩雜艱鉅之工矣。若以現代地理述之，其時河道所經流，可概略記之如下：

河出孟津，會洛沁，經鄭縣東行，經開封封邱之交東行，經蘭封（蘭儀、儀封）東南行，經民權（睢州北之李壩集）北，曹縣南復東行，經商邱（歸德）、虞城北，單縣南，出碭山、豐、沛之間，由蕭縣北境，而至銅山（徐州）城北，會運河東南行，經邳縣南境，及睢寧北，而至宿遷城南，再經泗陽城北而至淮陰（清河），東與淮會，折而東北，經漣水（安東）城南，曲折東北行，經阜甯北境，灌雲南境，自雲梯關入海。

明代治河，可謂勤矣，而其主要之目的則在便利漕運。蓋以明都燕京，歲漕四百萬石，惟賴此道也。潘氏中明河南修守疏中，論及河南水患，應時加修守一節，有云：「緣非運道經行之處，耳目所不及見，人遂以爲無虞。而豈知水從上源出，運道必傷。」河南境內之患所以不及見者，則因非運道經行之處，而所以重修守者，則恐河決傷運，此情至明。因黃河屢患，而漕運梗阻，故有倡海運之議，與疏泇河及膠之說者。潘氏力斥之：

假令膠泇告成，海運無阻，將置黃淮於不治乎，亦將併治之也。夫治河之策莫難於我朝，而亦莫善於我朝。蓋自元宋以前，惟欲避河之害而已。故賈讓不與河爭地之說爲上策。自永樂以後由淮及徐藉河資運，欲不與之爭得乎？此之謂難。然以治河之工而收治漕之利，漕不可以一歲不通，則河不可以一歲不治，一舉兩得，乃所以爲善也。故元宋以前，黃河或北或南曾無寧歲，我朝河不北徙者二百餘年，此兼漕之利也。（河議辯惑）

有倡議復故道入北海者，潘氏云：

河自宋神宗十年（西元一〇七七年）大決於澶州，合南清河而入於淮。南清河者即泗沂之故道，黃河經

行五百餘年矣。謂非禹故道則可，謂之非黃河故道則不可。如必欲復禹故道，則歲漕四百萬石將安適乎？膠柱而鼓瑟矣。（河議辨惑）

臣謂縱使可復，無論移河南、徐、淮之患於北直隸諸府，而二洪乾涸，運艘難浮，不可也。（恭誦綸音疏）

可見治河之方略，受漕運所左右者深矣。至於航道之水程，則可亦自奏疏中見之：

我朝建都燕冀，轉輸運道，實爲咽喉。自儀眞至淮安則資淮河之水，自清河至徐州，則資黃河之水。黃河自西而來，淮河自南而來，合流於清河縣之東，經安東達雲梯關而入海，此自宋及今兩瀆之故道也。（河工告成疏）

直隸（按即今江蘇）則自徐州至淮五百里，以黃河爲運，自淮至揚四百里，以重湖爲運河。（議留河工米銀疏）

我國家建鼎燕京，歲漕四百餘萬，自徐以北，則資汶、泗諸泉，自徐以南則資黃河之水。汶泗清而弱，黃河濁而強，而二水交會之處，則茶城也。（申嚴鎭口閘禁疏）

更有一問題影響於治河者，即明朝祖皇二陵之保護是也。祖陵居泗州東北一十餘里，在黃淮之中。黃河南決，或淮河北氾皆屬可慮。皇陵在鳳陽，居淮河之南。言治河者亦多以祖皇二陵之安危爲據。二陵之形勢，可自祖陵圖說，及皇陵圖中見之：

恭閱我二祖之陵，居泗州東北一十餘里，平原中突起高阜，較泗州城址高二丈三尺一寸。沙陡二湖，瀦蓄於前，面淮背黃。兩河發源之處，相距萬餘里，蜿蜒而來，合於清河縣之東，並流入海，更無涓滴中泄。而龜山半出河中，約攔去流于後，風氣頑固，豈偶然哉！好事者乃欲以私意鑿見，分泄兩河，萬一有誤，得無令人寒心乎？

謹按鳳陽皇陵，居祖陵之西南一百八十餘里。雖南北而亦面淮，形勢稍異，而有取于淮黃合襟則同。知祖陵則知皇陵矣。兩河關係二陵吃緊如此，私意鑿見者，愼勿易易也。其時主張護祖陵之見解，幾成口頭禪，潘氏河議辯惑有云：「……更有一節尤爲可慮，淸口北與黃會，乃祖陵之水口也。若從東再添一口，使淮水反跳而去，大爲堪輿家所忌，臣子何忍爲之。」又停寢耆家營工疏中，更明顯指出治河之三大作用：

祖陵當護，運道可慮，淮民百萬危在旦夕。

三 浮言與信任及其與治河之影響

夫河患淪人民於魚鱉，水利充國家之財富，是以上自君王，下至庶黎，無不關心於河事也，亦無不渴望其久治也。而每年修守之資，工料之輸，則又多賴於地方官吏之籌措，沿河居民之經營，是則其關係更切，而期之愈深也。然患則相怨，利則相侵，役民則不免於擾，求治則不免於競。河事關係人事之如此複雜，工程之如此艱鉅，故議者盈庭，人皆有發言之資格，亦皆有獨到之見解，而河事敗矣。蓋以涇渭不分，石玉難辨，遷延歲月，歷久難成。古今如出一轍爲可嘆也。有宋以來，大舉治河二人，賈魯與潘季馴是也。元至正九年，脫脫既復爲丞相，慨然有志於事功。論及河決，卽言於帝，請躬任其事。帝嘉納之。乃命集羣臣，議廷中，而言人人殊。唯都漕運使，賈魯昌言必當治。脫脫毅然排除衆議，獨任賈魯，河乃復故道。歐陽玄曰：「是役也，朝廷不惜重費，不吝高爵，爲民辟害。脫脫能體上意，不憚焦勞，不恤浮議，爲國拯民。魯能竭其心思智計之巧，乘其精神膽氣之壯，不惜劬瘁，不畏譏評，以報君相知人之明。宜悉書之，使職史氏者有所考證也。」上下一體之信心，與夫謀事之果決，始能有此成就。潘氏所處之環境，亦有似於賈魯者。潘氏萬曆二十年第四次去職時所上之併勘河情疏中有云：

臣自嘉靖四十四年至今，以河事君父者，凡四任矣。壯於斯，老於斯，朝於斯，暮於斯。或採之輿情，或得之目擊，或稽之已往，或驗之將來，水有性，拂之不可，河有防，弛之不可，地有定形，強之不可，渒有正理，發之不可。故厭常者每欲棄舊以更新，而臣則以爲祖宗二百餘年之故道必不可失也。泥成說者，每欲支分以殺勢，而臣則以爲黄河之濁流必不可分也。臣執此以治河者，前後一十二年矣！而不意去秋霪霖連月，河水滔天，物議遂騰，牢不可破。夫當伏秋暴漲之時，兩河並高，人言無足怪也。而寧知漲之必有消乎？以方漲之河，而律之旋消之後，不可也。人見其水盈及隄，輒謂隄可棄也。而寧知防潰則水泛，外洩則中乾，不數日而水落，岸出河安如故，固隄所以存河乎？行有止見其漲，而不見其消，談者不聞其消，而惟聞其漲。一人言之，百人從而和之，若謂水之有漲無消，而冬春之河猶然伏秋之河也。而不知其大者不侔者耳！倘覩其漲，復覩其消，則全河之形勢，皆在目中，自無臆度之說矣。臣已去矣，墓木拱矣，何敢以筆舌與人爭曲直哉！且議者原無怪臣之心，見者言其所見，聞者言其所聞，凡以爲國也。臣器局拘攣，才識短淺。非兩河之故道不敢循，非先哲之成規不敢蹈，曾不能別輸一籌，以新天下之耳目，臣亦自惜其無當矣，而況於人乎？但慮天下之事，議論多者成功或鮮，興工侈者工費自煩，支離勝者正道必廢。有宋竭天下之財力以事河，而國以大敝，卒之橫潰決裂，不可收拾，職此故也。

老成謀國，溢於言表，然尤不免因浮言難白而去。其他奏疏中言及浮言煩興者尚多，今姑舉二例：

伏念臣潦倒無知，久甘畎畝。誤蒙我皇上拔之既棄之餘，授以總理之任，三三年間，殫竭心力，一應事體，請自聖裁。種種俱有成劃，試有小效矣。尚有一二事宜，理本如此，而人言必不如此。工本難爲，而人情必欲強爲。若不早爲勸議，浮言不免蝟興。全河之工，未必不由此而決裂也。……人情厭舊喜新，臣言終不盡信，臣在自當力諍，必不依違。第今衰病已劇，死有日矣。獨念臣從事此河已歷三朝，犬馬戀主之情，豈肯以將去而遂置此河於度外耶？（河上易惑浮言疏）

語有之，衆口爍金，積毁銷骨，臣不足惜，獨慮我皇上孝思純篤，上廑聖衷，故敢備將地方官開報水勢，據實奏聞。（報消泗水疏）

工程最繁難，而成功迅速，效能顯著者，則爲萬曆六年堵塞崔鎮及高家堰等工。此爲潘氏第三次治河，勅總理河漕以一事權，並仍提督軍務，治河各該巡撫官照地分管，俱聽其提督。如有抗違不服，及推諉誤事者，文官五品以下，武官四品以下，可徑自提問，應奏請者奏請定奪。可謂信之專矣。茲將敕諭節錄如下：

皇帝敕諭都察院右都御史兼工部左侍郎潘季馴。近年河淮泛濫爲害，運道梗塞，民不安居，朕甚憂之，已屢有旨責之地方官經理，奈無實心任事之臣、動以工費艱鉅爲解。又當事諸臣，意見不同，事多掣肘，以致日久無功。今特命爾前去督理河漕事務，將河道都御史暫行裁革，以其事專屬於爾。其南北直隸、山東、河南地方有與河道相干者，就令各該巡撫官照地分管，俱聽爾提督。爾宜親歷河流所經，會同各巡撫官，督同各部屬司道管官，悉心協慮，講求致害之由，博采平治之策，備查。……區處合用錢糧、及選任司道等官，俱許以便宜奏請，給發委用。功成之日，通將效勞官員，一體分別陞賞。如有抗違不服，及推諉誤事者，文官五品以下，武官四品以下，徑自提問，應奏請者奏請定奪。其提督軍務事宜，查照河道衙門原管行事。爾候事寧之日，奏請回京。……

到任之後，卽上二疏，一奏治河方略凡六條，一議經理事宜凡八條。深識遠猷，圭臬堪式。其中有議浮言一條，節錄於後：

竊惟治河固難，知河不易，故雖身歷其地，猶苦於措注之乖舛，而況於遙度乎？但勞民動衆之事，怨咨易興，而往來絡繹之途，議論易起。於將迎之間，稍稍簡略，則以是爲非，變黑爲白者，亦不可謂其盡無也。憂國計者，以急於望成之心，而偶聞必不可成之語，何怪乎其形諸章牘也。而不知當局者，意氣因而消沮，官夫從生觀望。少爲搖奪，隳廢隨之，勉強執持，疎遠難達，其苦有不可言者。伏望皇上，俯垂鑒照，容臣等殫力驅馳，悉心料理，寬臣以三年之期。如有不效，治臣以罪。（河工事宜疏）

對於此條工部覆覆如下：

前件臣等看得往年治河，迄無成功者，雖由於措注之未盡協宜，亦本於議論之太多以阻之也。蓋當局而任事者甚難，旁觀而論事者甚易。矧河變靡常，卽身親其事者方爾旦暮矛盾，興意頓異，豈可得而遙度耶？且人情不一，是非未必得其公，所見不同，議論未必得其當，敢於任事者，不免於任怨，而言之出於怨口者，豈足聽也！謀不見同者，多幸其無成，而謗毀之言，將何所不至哉！轉相告語，熒惑聽聞，當事者奪於鑠金，過憂者搖於三至，卽有神禹之智，恐亦難於展布矣。此右都御史潘季馴等有息浮言之論，誠爲有見。伏望皇上，俯念河工重大，專委責成，勿惑於浮言，勿阻於羣議。以後治河諸臣，倘有欺隱大弊，及推避不肯盡心，苟完目前，遺患於後者，許言臣訪實，照常參劾外，其餘但有條陳治河利害之疏，雖各效其一得之忠，而衆言淆亂，要必折以眞實之見，本部未敢遽爲題覆，悉行河漕二臣，勘酌可否，明白具奏。或有窒礙難行，聽行駁格。如此則治河之臣，可無臨事掣肘之虞，而本部亦免於瀆聒聖聽之罪矣。

簽覆各節何等切實，入情入理，較之潘氏原疏更爲透徹。並主張嗣後將條陳治河利害之疏發交河漕二臣，亦極得體。若謂此次之成功，得力於君主之信賴，大臣之協助，張居正之知人，不亦宜乎？此次工竣之後，太常卿佘毅中作全河說，有云：

……是故排河淮非難，而排天下之異議難，合河淮非難，而合天下之人情難。史遷氏曰：甚哉水之爲利害也。余則曰：甚哉人情之爲利害也。故今日之功，非當事大臣，暨余等諸臣之功，皆聖明之功也。蓋知河固難，而知知河之人尤難，知知河之人固難，而任知河之人尤難。語曰：千夫輿瓢，不如一人負而趨也，千夫牧羊，不如一人驅而走也，使非聖明之併合河漕，而事權歸一也，其何能功？縶騏驥之足，則難望其必至，縛孟賁之手，則難竄其必敵，使非聖明之寬假便宜，而不從中制也，其何能功？蜚蝗蔽天，則農稷不能善稼，奔駟曳轍，則王造亦廢馳驅，使非聖明之不惑浮言，而私撓必絀也，其何能功？千仞而坡，則牧豎陵其阜，數尺而峭，則樓季不敢踰，使非聖明嚴懲隳竄，而潔莫可干也，其何能功？空柯無刃，則公輸不能以斲，虛鬻之粒，則易牙不能以炊，使非聖明之破格折兌，而大費不恡也，其何能功？張鵠以行賞，然後八囿不射，計程以齊足，然後八囿不奔，使非聖明之綜覈明允，而勞徵必錄也，其何能功？昔管富平津河橋之成，武帝罰杜預曰：非卿此橋不立。預曰：非陛下聖明不成。今日之功，良亦類此。善乎部疏有云：其本在明良之相遇，其機在賞罰之必行，眞識體之論說！………

其中雖有類似歌功頌德之句，但所言確屬實情。部疏之言，實可謂爲賈魯潘季馴成功之注釋。

崔鎮及高家堰之功既成，有原任湖廣參議常三省等於高堰砌石之時，投揭撫按衙門，欲毀高堰。潘氏上疏言高堰石工將興，鄉官謗毀甚力，乞恩速賜勘議，早定國是。疏末云：

此議不息，則大釁猶存，必須速勘明白，方可杜絕後患。而見奉明旨，採石甃砌，清言四起，人心惶惑，何以功成？誠不可不速爲之計也。況臣管窺之見因止於此，犬馬之力亦盡於此，而寧敢遂謂其必無遺策乎？今臣奉旨離任，正地方人情得以摅發之時，勘議諸臣，得以虛心之日。伏望敕下該部，轉行尚書淩雲翼，毋拘成議，毋靳成功，可改圖者即爲改圖，可增損者即爲增損，荒度諏諮，務求全美。此固國家之幸，地方之幸，而使臣他日無遺議焉，亦臣之大幸也。如三省等之言，必不可行，亦望特降明綸，著爲令申，使他日懷私好事之徒，不得妄生厲階，以亂國是。則公論早定，而事體畫一矣。……伏望將臣放歸田里，使淩雲翼等得以虛心勘議，如臣之所行者是，而三省輩所言者非，即欲用臣未晚也。………（高堰請勘疏）

奉旨：高堰築後，河道安流，績效已著，豈可因一二無稽之言，又行勘議。着遵前旨，上緊修築，以終前功。當三省倡言阻壞成議，姑革去原職爲民，其餘且不查究。以後再有這等的，拏來重處。工部知道。工程得以順利進行，而潘氏終於斯年去職。在職之日，無時不以工程爲慮，浮言爲憂。萬曆己卯七月，正當崔鎮高堰工程進行之時，曾賦詩二首，刻石徐州雲龍山上，今尚在。抄錄於後，以窺其心境之一斑。

同江司徒小酌雲龍山

握手論交今白頭。天涯相對一樽留。簾前秀結千峯色。檻底聲喧萬里流。世事誤人稱老馬。機心終自愧閒鷗。知君亦有煙霞癖。還許相從范蠡舟。

再登雲龍山

龍山再上思依然。千里河流自蜿蜒。幾向蒿萊尋水脈。翻從滄海見桑田。負薪十載歌方就。投抒當年事可

第五章　潘季馴　二五

慄。爲謝合沙沙且盡。歸與吾已欲逃避。

四　斥支河而修壩減水

黃河爲患之大因，固由於洪流之洶猛，但所攜鉅量之泥沙，如處理或減少之法，則河終不能治。據歷年水文測驗記載，陝縣大水之時，所攜泥沙以重量計，可達百分之四十六，滾滾黃流，尚能以水視之耶？如此大量之泥沙遇緩即淤，而暴漲之洪流逢阻又刷，冲積不常，變遷靡定，此黃河之所以難治也。世有因黃淮合流，隄槽難容，議多穿支河以殺其勢者，潘氏以爲不可：

黃流最濁，以斗計之，沙居其六，若至伏秋，則水居其二矣。以二升之水載八升之沙，非極迅溜，必致停滯，若水分則勢緩，勢緩則沙停，沙停則河塞。河不兩行，自古記之。支河一開，正河必奪。（河議辯惑）

客有以禹疏九河難之者，曰：「九河非禹所鑿，特疏之耳。蓋九河乃黃河必經之地，勢不能避，故仍疏之，而禹仍合之，同爲逆河入於海，其意蓋可想也。」（河議辯惑）是潘氏深悉泥沙爲河患之主因矣。然既斥支河，則議堵崔鎮、高堰等以挽正河。

竊惟河水旁決，則正流自微。水勢既微，則沙淤自積，民生昏墊，運道梗阻，皆由此也。臣等查得淮以東則有高家堰、朱家口、黃浦口三決，此淮水旁決處也。桃源上下則有崔鎮口等大小二十九決，此黃水旁決處也。俱當築塞。（兩河經略疏）

更有議淮不敵黃，故易衝決。且兩河分流，小漲即溢。今復合之，溢將奈何？故欲使黃淮分流以殺其勢者。潘氏則主張以清刷黃，以水攻沙。

引淮而西，其勢必與黃會，引淮而東，則與決高堰而病淮揚無異也。……且所藉以敵黃而刷清口者全淮也。淮若中潰，清口必塞，運艘將從何處經行，[illegible]（河議辯惑）

水分則勢緩，勢緩則沙停，沙停則河飽，尺寸之水皆由沙面，止見其高。水合則勢猛，勢猛則沙刷，沙刷則河深，尋丈之水皆由河底，止見其卑。築隄束水，以水攻沙，水不奔溢於兩旁，則必直趨乎河底。一定之理，必然之勢。此合之所以愈於分也。（河議辯惑）

迨乇高堰各口堵塞之後，余毅中等呈報兩河形勢，亦與借淮刷淤之意相發明：

見今淮城以西，清河以東，二瀆交流，儼若涇渭，誠所謂同爲逆河以入於海矣。海口之深測之已十餘丈，蓋借水攻水；以河治河，黃淮並注，水滌沙行，無復壅滯。非特不相爲扼，而且交相爲用，故當秋漲之日，而其景象如此。昔年沙墊河淺，水溢地上，祇見其多，今則沙刷河深，水由地中，祇見其少。地方士民，皆爲二十年來所曠見也。

潘氏對於黃河泥沙問題極爲重視，且認爲黃河之所以異於他河者在此，故雖有可行於他河之法，而不敢用之於黃河，是以力辯分合之說也。然則河水盛漲，果無策以消其暴怒乎？

分流誠能殺勢，然可行於清水之河，非所行於黃河也。黃河斗水，沙居其六，以四升之水，載六升之沙，非極迅溜湍急，則必淤阻。分則勢緩，緩則沙停，沙停則河飽，飽則奪河。河不兩行，自古記之。藉勢行沙，合之者乃所以殺之也。又謂水漲之時，暫開決口，以分其流，水落復塞。其言誠似有見，但塞決如升天之難，費亦不貲。臣於萬曆八年築有崔鎭、徐昇、季太、三義四減水壩，於桃源縣遙隄。築壩與地平，水浮則洩。此與開決之說無異，而水遇石止，難於深刷，可無奪河之虞。水落歸槽，壩如故。可免塞決之費，此外不須另開決也。（併勘河情疏）

減水壩誠有分洩之效，而無支河之弊，法美意善。興建之初，潘氏上疏奏請，有云：

黃河水濁，固不可分。然伏秋之間，淫潦相仍，勢必暴漲。兩岸爲隄所固，水不能洩，則奔潰之患，有所不免。今查得古城鎭之崔鎭口，桃源之陵城，清河之安娘城，土性堅實，合無各建滾水壩一座，比隄稍卑二三尺，闊三十餘丈，萬一水與隄平，任其從壩滾出，則歸槽者常盈，而無淤塞之患。出槽者得洩，而無他

潰之處。全河不分，而隄自固矣。（兩河經略疏）

闢後屢言減水壩之效用，並辯明與支河之異同，以釋羣惑。

　　異常泛漲之水，則任其宣泄，少殺河伯之怒，則隄可保也。決口盧沙，水衝則深，故掣全河之水以奪河。壩面有石，水不能汕，故止減盈溢之水，水落則河身如故也。（河議辯惑）

　　滾水石壩即減水壩也。爲伏秋水發盈槽，恐勢大漫隄，設此分殺水勢，稍消即歸正槽。故建壩必擇要害卑窪之處，堅實地基。（修守事宜疏）

議者以四壩不洩水欲毀之，潘氏曰：「初創之時，伏秋水洩，喧聲若雷。日久河深，深則可容異常之水，何嘗不洩，特不常也。且所謂減水壩者，減其盈溢之水也，不溢則已，何必減。爲留之以待異常之水可也。」其言自有至理。惟河性變化無常，沖積難測，則減水壩址之選擇，誠非易事。又其時似無排水渠道之挑修。蓋水自壩滾出，則必有排洩之路，使之順流，否則積水成潦矣。鄉民畢九皋、馮吉、趙倫等訴稱，壩外水鄉，漸成膏腴，逖徙之民，近方歸業，議欲改折，或由是也。

五　闢改道而借水攻沙

萬曆初年，河患頻仍，潰流漫散，舊槽淤澱，河底高昂。故議者多欲捨舊覓新，另開河道。其時水勢情況，可於管河郎中佘毅中、張譽學會呈見之。

　　數年以來，黃淮二河，皆失故道，至以地方州縣爲壑。蓋由黃河惟恃縷隄，而縷隄逼近河濱，束水太急，每遇伏秋，輒被衝決，横溢肆出，一瀉千里，莫之底極。北岸則決崔鎮、季太等處，南岸則決龍窩、周營等處，共百餘口。而又從小河口白洋河灌入，挾永堌諸河之水，越歸仁集直射泗州陵寢。以至正河流緩，泥沙停滯，河身墊高。淮水又因高家堰年久圮壞，潰決東奔，破黃浦，決八淺，而山陽高寶興鹽悉成沮洳。清口將爲平陸，黃淮分流，淤沙閼塞，雲梯關入海之路，坐此淺狹，而運道民生俱病矣。

河勢、系統、槽身之淤澱自此可見一斑。而疏中復提及影響治道方策之三大因素，寢陵、運道、民生。潘氏則主張堵塞決口，直行故道，力言如舊道不治，則新者亦舊，如舊而能治，則舊者亦新。並指明借水攻沙，以水治水之法，誠千古不易之論也。

夫議者欲舍其舊而新其圖，何哉？蓋見舊河之易淤，而冀新河之不淤也。馴則以為無論舊河之深且廣，鑿之未必如舊，即使捐內帑之財，竭四海之力而成之，數年之後，新者不舊乎？假令新復如舊，將復新之何所乎？水行則沙行，舊亦新也。水潰則沙塞，新亦舊也。河無擇於新舊也，借水攻沙，以水治水。但當防水之潰，毋慮沙之塞也。（刻河防一覽引）

次復言新河之難鑿：

……且自我朝以來，徐邳之間，屢塞屢通，如以故道為不可復，則徐邳久為陸矣。藉令欲棄故道而鑿新河，無論其無所也，即得便宜之地而鑿之，人力能使闊百丈以至三百丈，深三四丈以至五六丈如故河乎？即使能之，將置黃河於何地乎？如不可置，黃河何擇於新故。故則淤而新不淤，馴不得而知也。（河議辯惑）

議者欲以人工濬河沙，使之暢通，潘氏則力斥其說。蓋以導之得法，水可自為力，無庸人為也。其言曰：「河底深者，六七丈，淺者三四丈，闊者一二里，隘者一百七八十丈，沙飽其中，不知幾千萬斛。即以十里計之，不知用夫若干萬名，為工若干月日，所挑之沙不知安頓何處。縱使其能挑而盡也，隄之不築，水復旁溢，則沙復停塞，可勝挑乎？以水刷沙，如湯沃雪，刷之云難，挑之云易，何其愚，何其拗也。」（河議辯惑）故倡以隄束水，以水攻沙之說。然欲達此旨，必使水能歸槽，故須先塞旁支。

「數年以來，崔鎮諸口決，而黃水遂北，高堰黃浦決，而淮水遂東，桃清虹泗山陽高寶泰田廬墳墓，俱成巨浸，而入海故道，幾成平陸。……棄故道則必欲乘新衝，新衝皆住址陸地，漫不成渠，淺澀難以浮舟，不可也。留諸決則正河必奪，桃清之間，僅存溝水，淮陽兩郡一望成湖，不可也。……欲疏下游，先固上源，欲遏旁支，先防正道。遂決意塞決，以挽其趨，築遙隄以防其決，建減水壩以殺其勢，而保其隄。一歲之閭，兩河歸正，沙刷水深，海口大闢，田廬盡復，流移歸業，禾黍頗登，國計無阻，而民生亦有賴矣。蓋築塞似爲阻水，而不知力不專則沙不刷，阻之者乃所以疏之也。合流似爲益水，而不知力不宏，則沙不滌，益之者乃所以殺之也。旁溢則水散而淺，返正則水束而深。水行沙面則見其高，水行河底則見其卑。此既治之後，與未治之先，光景大相懸絕也。每歲修防不失，即此便爲永圖。借水攻沙，以水治水，臣等蒙昧之見，如此而已。（河工告成疏）

世有議濬海口者，潘氏親自歷勘，以爲不必治，亦不能治，惟有塞決挽河，沙隨水去，治河即所以治海。別鑿一渠，與復濬草灣，徒費錢糧，無濟於事。（見兩河經略疏）仍是以水治水之一貫主張也。潘氏於申明修守事宜疏中，更歸納此意而論之曰：

治河之法，別無奇謀祕計，全在束水歸槽。歸槽非他，即先賢孟軻所謂由地中行。而宋臣朱熹釋之曰：地中兩崖間也。束水之法亦無奇謀祕計，惟在堅築隄防。隄防非他，即禹貢所謂九澤既陂，四海會同。而儒蔡沈釋曰：陂障也，九州之澤已有陂障，而無決潰，四海之水，無不會同，而各有所歸也。故隄固則水不泛濫，而自然歸槽，歸槽則水不上溢，而自然下刷。沙之所以滌，渠之所以深，河之所以導而入海，皆因而至矣。

束水歸槽，堅築隄防，即今日固定河槽之說也。借水攻沙，以水治水，亦切合科學原理之論也。此議竟倡於三百六十餘年前，潘氏學驗之造詣，事功之成就，可以永垂不朽矣！惜乎僅賴隄防不足以攻沙，而後之來者既無多所發明，且成規之不能守，爲可嘆也。

六　倡築隄以導河防溢

潘氏治河，惟隄是賴。「檢括故牒，諮詢父老，始信治河之法，惟有修防，必難穿鑿。」（恭誦綸音疏）建減水壩所「以殺其勢，而保其隄」也。借水攻沙，則又賴於「以隄束水」也。殺勢與攻沙二者雖爲針對河患二大原因之方策，然一以護隄，一則有賴於隄，是皆以隄爲主也。「若順水之性，隄以防溢，則謂之防，防之者乃所以導之也。」（河議辯惑）是潘氏認隄有防溢導河之功也。欲明其理，可參閱恭讀綸音疏，節錄如下：

考之舊傳，自周定王五年河徙砱礫，歷漢、唐、宋、元以至我朝，河決不知幾千百次矣，誠有如聖諭。黃河衝決爲患不常者，而自發源以至入海處，惟見其合，不見其分，曾無兩河並行。而古治河者，惟以塞決築隄成功。稍事穿鑿，非久即廢。迅溜不可分，分則勢緩，勢緩則沙停，沙停則河飽，河飽則水溢，水溢則隄決，隄決則河爲平陸，而民生之昏墊，國計之梗阻，皆由此矣。有謂隄能阻水，水高隄高，隄無窮已者。蓋不知隄能束水歸槽，水從下刷，則河深可容。故河上有岸，岸上始有隄。平時水不及岸，隄若贅疣。伏秋暴漲，始有逾岸而及隄址者，水落復歸於槽，非謂隄外即水，而旋增高也。

議者有謂今之治水以障，非若禹之治水以導者。潘氏引禹貢之言以證之，意若隄者禹已有之，非自我始：

「再考之禹貢云：九澤既陂，四海會同。傳曰：九州之澤，已有既陂，而無決潰，四海之水無不會同，而各有歸。則禹之導水，何嘗不以隄哉！」（河議辯惑）並申明「逆水之性，以鄰爲壑，是謂之障。」「防之乃所以導之也。」

「河水盛漲之時，無隄則必旁溢，旁溢則必泛濫而不循軌，豈能以海爲壑耶？故隄之者欲其不溢，而循軌以入於海也。譬之嬰兒之口旁潰一癰，久之成漏，湯液旁出，不能下咽，聲氣旁泄，不能成音。久之不治，身且槁矣，何有於口？故河以海爲口，障旁決而使之歸於海者，正所以宣其口也。」

隄之制，則分遙隄、縷隄、格隄、月隄四種。防禦之法，頗爲周備。自萬曆七年（西元一五七九年）隄工告成後，逐年增進，至萬曆十八年潘氏恭報三省直隄防告成疏內，述及四種隄防之功能曰：

「遙隄約攔水勢，取其易守也。而遙隄之內，復築格隄，蓋慮決水順遙而下，亦可成河，故欲其遇格即止也。縷隄拘束河流，取其衝刷也。而縷隄之內，復築月隄，蓋恐縷隄逼河流，難免衝決，故欲其遇月即止也。」

此種隄防佈置何等周詳縝密！縷隄乃第一道防線，月隄其前衛也。遙隄爲第二道防線　格隄其障礙也。若防之得宜，水之能衝決遙隄者難矣！關於各隄情形，潘氏論之尚詳，茲括引數節如次：

今遙隄告竣，自徐抵淮六百餘里，兩隄相遙，基址既遠。且皆眞土膠泥，夯杵堅實，絕無往歲雜沙虛鬆之弊。蜿蜒綿亘，殆如長山夾峙，而河流於其中，即使異常泛漲，縷隄不支，而溢至遙隄，勢力淺緩，容蓄寬舒，必復歸槽，不能潰出。譬重門待暴，則暴難侵，增縷禦寒，則寒難入。兼以歸仁一隄，橫截於宿桃南岸要害之區，使黃水不得南決泗州。至於桃清北岸，又有減水四壩，以節宣盈溢之水，不令傷隄。故在遙隄之內，則運渠可無淺阻，在遙隄之外，則民田可免渰沒。雖不能保河水之不溢，而能保其必不奪河。固不能保縷隄之無虞，而能保其至遙即止。（河工告成疏）

縷隄既近河濱，束水太急，怒濤湍溜，必至傷隄，遙隄離河頗遠，或一里餘，或二三里。伏秋暴漲之時，難保水不至隄。然出岸之水必淺。既遠且淺，其勢必緩，緩則隄自易保也。（河議辯惑）

防禦之法，格隄甚妙。格即橫也，蓋縷隄既不可恃，萬一決縷而入，橫流遇格而止，可免泛濫。水退，本格之水仍復歸槽，淤留地高，最爲便益。今於南岸房村單家口、雙溝、馬家淺、辛安、峯山等處，俱築格隄一道，併羊山橫隄共七道。倘歲歲增修高厚，可永無分流奪河之患矣。俟工力有暇，再爲增築。北岸亦倣行之，多多益善也。（河防險要）

縷隄誠不能爲有無也。宿遷而下，原無縷隄。未嘗爲遙隄病也。假令盡削縷隄，伏秋黃水出岸，淤留岸高，積之數年，水雖漲不能出岸矣。而已成之業，不忍言棄。（河議辯惑）

「淤留地高一寸，積之數年，水雖漲不能出岸矣。」是何等見地！誠治本之圖，惜乎舊規盡失，未見其永利也。

至於修隄之法，[illegible]例。

凡築河隄必遠築，大約離岸須三二里，庶容蓄寬廣，可免決齧，切勿逼水，以致易決。隄之高卑，因地勢而低昂之。先用水平打量，毋一概以若干丈尺爲準。務取眞正老土。每高五寸，即夯杵三二遍。若有淤泥，與老土同。第須取起曬晾，候稍乾方加夯杵。其取土宜遠，切忌傍隄挖取，以致成河積水，刷損隄根。

驗隄之法，用鐵錐筒探之，或間一掘試。（修守事宜）

隄以防決，隄弗築則決不已。故隄欲堅，堅則可守，而水不能攻。隄欲遠，遠則有容，而水不能溢。累年事隄防者，既無真土，類多卑薄，已非制矣。且夾河束水，窄狹尤甚，是速之使決耳。……凡隄必尋老土，凡基必從高厚，又必繹賈讓不與水爭地之旨，倣河南遙隄之制。除豐沛太行隄原址遙遠加幫外，徐邳一帶舊隄查有迫近去處，量行展築月隄，仍於兩岸相度地形最窪易於奪河者，另築遙隄。桃清一帶南岸多附高崗，但上自歸仁集，以至朱連家墩，古隄已壞，相應修復。下抵馬廠坡，地形頗窪，相應接築，以成其勢。北岸自古城至清河，亦應創築遙隄一道，不必再議縷隄，徒糜財力。……（兩河經略疏）

七 重修守以固隄安瀾

夫治河無一勞永逸之功，必賴修守防禦之策。此每爲世人所忽，以致河道屢治屢廢，禍患無常。潘氏之言曰：「天下之事，不日益則日損。而夫人之情不日檢則日弛。故自古帝王立法，歲有成，月有要，日有考，未有不如此，而能成久安長治之業者也。」（申明修守事宜疏）常見隄成之後，修守不勤，則數年廢矣。或以大舉修築，暫得數年之小康，久之忘其功能，因而懈弛，患又作矣。誠所謂不日益則日損也。又曰：「成功不難，守成之難。使禹之成業，世世守之，盤庚不必遷也，周定王以後河不必南徙。人亡歲久，土迹熄而文獻無徵；故業毀而意見雜出，又何怪乎河之無常也。」（河議辯惑）檢閱治河史實，不禁神傷！故潘氏對於修守之法，定之綦詳。

竊惟防河如防虜，自古記之矣。防虜則曰邊防，防河則隄防。邊防者，防虜之內入也，隄防者，防水之外出也，欲水之無出，而不戒於隄，是猶欲虜無入，而忘備於邊者也。……歲久官吏，弊滋法弛，以河防爲末務，視隄工爲贅疣。一簣莫加，萬夫閑曠。而車馬之蹂躪，風雨之剝蝕，河流之汕刷，高者日卑，厚者日

薄，又何怪其東潰西決哉！（恭報三省直隄防告成疏）

然立法易而守法難，守法於一時易，而守法於長久難。臣於萬曆七年告竣之後，將善後事宜種種陳請，而導省諸臣亦相繼奉諭命矣。而近年以來，行者無幾，設今不爲申飭，數年之後又當何如哉！（申明修守事宜疏）

倘能歲守不失，則河流自無衝決之患，河不衝決，則故道晏然翕由順軌，而運艘自無阻滯之虞矣。但春土成隄，原非鐵石，稍不修葺，便至傾頹。歲歲修之，歲歲此河也。世世守之，世世此河也。故歲修錢糧之設，徭編雇募額夫，凡所以爲河也，而可置之虛糜閑曠哉！臣是以諄諄爲申明修守之請也。（恭報三省直隄防告成疏）

奈何言者諄諄，而聽者藐藐。人力之不盡，反責河水之多患，修守之不講，反言隄岸之善潰。雖禹功之彪炳，豈能延之百世，潘規之完善，焉能防害於無窮哉！

隄爲土築，則難免於雨蝕風剝，水汕浪刷，故須年年加培，方可弭患於無形。潘氏主張每歲將各隄頂加高五寸，兩傍幇厚五寸。工省力省，民可於農暇爲之，不覺其苦，勝於數年一舉之大培修也多矣。

伏望天語叮嚀，嚴諭地方司道等官，查照臣愚節次題奉欽依事理，每歲務將各隄頂加高五寸，兩旁汕刷[illegible]所，一體幇厚五寸。年終管河官呈報各該司道，要見本隄原高闊若干，今加幇共高闊若干。司道官躬親驗覈，開報總河衙門覆覈。不如式者，指名參究。庶河務永固，而國計民生，俱有賴矣。（恭報三省直隄防告成疏）

臣請自十八年爲始，每歲司道官督令管河官率領夫役，務覓眞淤老土，加高五寸，不許夾雜浮沙，苟且塞責。（申明修守事宜疏）

[illegible]雖有修守，[illegible]風浪，故必[illegible]之法。[illegible]年議修築[illegible]，栽植臥柳、茭葦，以護固隄防。

[illegible]水衝淘涮，雖有邊埽，難以久恃。必須將大隄首築順水壩一道，長十數丈或五六丈。一丈之壩可

迎水築土數丈，以作曲戗，[illegible]（修守事宜）

凡隄係埽灣，須預下乾埽，以護隄根。此埽須土多料少。簽樁必用長壯，入地稍深，庶不坍墊。（修守事宜）

臥柳長柳須相兼栽植。臥柳須用核桃大者，入地二尺餘，出地二三寸許。柳去隄址約二三尺，密栽俾枝葉擁蔽風浪。長柳須距隄五六尺許，既可捍水，且歲有大枝，可供埽料。俱宜於冬春之交，津液含蓄之時栽之。（修守事宜）

護隄之法，無如栽柳為最。而栽柳六法，無如臥柳為佳。蓋取其枝從根起，扶蘇茂密，足抵狂瀾也。每隄一丈，栽柳十二株。每夫一名，栽隄三丈，柳樁以徑二寸為則，離隄三尺為準。隄內栽完，方及隄外。如有枯死，隨時補種。（申明修守事宜疏）

凡隄臨水者，須於隄下密栽蘆葦或茭草，俱掘連根叢株。先用引橛錐窟，深尺，然後栽入。計闊丈許，將來衍茁愈蕃，即有風不能鼓浪，此護臨水隄之要法也。隄根至面，再採草子乘春初稍鋤覆密種。俟其暢茂，雖雨淋不能刷土矣。（修守事宜）

迨伏秋洪水盛漲，修守之法，尤關重要。潘氏定四防二守之法，四防者晝防、夜防、風防、雨防是也；二守者官守、民守是也。歷代多奉為修守法規。

一曰晝防　隄岸每遇黃水大發，急溜埽灣處所，未免刷損。若不即行修補，則埽灣之隄，愈漸坍塌，必致潰決。宜督守隄人夫，每日捲土牛小埽聽用。但有刷損者，隨刷隨補，毋使崩卸。少暇則督令取土堆積隄上，若子隄然，以備不時之需。是為晝防。

二曰夜防　守隄人夫，每遇水發之時，修補刷損隄工，盡日無暇，夜則勞倦，未免熟睡。若不設法巡視，恐寅夜無防，未免失事，須置立五更牌面，分發兩岸協守官并管工委官，照更挨發，各舖傳遞。如天字舖發一更牌，至二更時前牌未到日字舖，即差人挨查，係何舖稽遲，即時拿究，餘舖倣此。隄岸不斷人行，庶可無誤巡守。是爲夜防。

三曰風防　水發之時，多有大風猛浪，隄岸難免撞損。若不防之于微，久則坍薄潰決矣。須督隄夫綑扎龍尾小埽，擺列隄皿，如遇風浪大作，將前埽用繩樁懸繫附隄水面。縱有風浪，隨起隨落，足以護衛。是爲風防。

四曰雨防　守隄人夫每遇驟雨淋漓，若無雨具，必難存立，未免各人家或舖舍暫避。隄岸倘有刷撞，何人看視？須督各舖夫役，每名各置斗笠簑衣，遇有大雨，各夫穿戴，隄面擺立，時時巡視，乃無疎虞。是爲雨防。

一曰官守　黄河盛漲管河官一人不能周巡兩岸，須添委一協守職官，分岸巡督。每隄三里，原設舖一座，每舖夫三十名，計夫分守隄一十八丈。宜責每夫二名，共一段，於隄面之上，共搭一窩舖，仍置燈籠一個，遇夜在彼棲止，以便傳遞更牌巡視。仍畫地分委省義等官，日則督夫修補，夜則稽查更牌。管河官並協守職官，時常催督巡視。庶防守無頃刻懈弛，而隄岸可保無事。

二曰民守　每舖三里，雖已派夫三十名，足以修守。恐各夫調用無常，仍須預備。宜照往年舊規，於附近臨隄鄉村，每舖各添派鄉夫十名，水發上隄，與同舖夫併力協守。水落卽省放回家，量時去留，不妨農業。不惟隄岸有賴，而附隄之民亦得各保田廬矣。（修守事宜）

防守有賴於人，則舖夫不可或缺。潘氏鑒於南直名額日漸削減，議請添募；又以大名久無河患，有隄無夫，而河南於荊隆口決後爲患漸烈，議增夫額。

治河之法，平時有修築之工，伏秋有防守之苦。一有不周，禍患立至。夫役減少，固難責以全功，起派鄉夫，又不免於騷擾。隨查中河所管地方，北自鎮口閘，南至清河縣，兩岸共一千餘里，而豐、沛、蕭、碭四縣隄岸又約二百餘里。原設夫役頗多，秖因工食缺乏，日漸減削，僅存五千五百餘名，計里分派，每里不及五名。……每歲於臣等奏留輕齎二升銀內，動支九千六百兩，分發沿河各州縣，募有身家之人，共一千二百

名。責令廉幹官員專管，分布要處所。（添募夫役以裕河工疏）

守隄之有夫，卽守城之有兵。兵以禦寇，夫以禦河，必不可缺者也。長隄擴築，未經設有一夫，則平時修葺，臨時之隄防，誰與爲役？且夏秋正當農忙之時，起倩鄉夫，怨咨必起，甚非長民之道。而有夫則有舖，以便棲息也。（議守輔郡長隄疏）

河防在隄，而守隄在人。有隄不守，守隄無人，與無隄同矣。也該管河道副使議令開、歸、懷三府遵照工科給事中常居敬題准事例，各於隄墻之上，每二里修建堡房一座，僉令堡老堡夫，常川住堡……。卽於近隄處所，勘刷地段，堡老每人給與六畝，堡夫五畝，以便耕種，稍助食用。其應給地畝，先儘沒官田地，如有缺少，勘支曠工河銀，置買民產，仍給帖照，免其糧差，則人心樂爲之用，而隄防可久矣。（申明河南修守疏）

修守在人，而修守之具則爲物料，二者不可一缺。有人夫矣，則物料不得不先事準備，以免臨時束手。潘氏規定於秋防告竣之後，十月中旬，卽行踏勘，估計工料，限十一月初旬類報批允，正月半以前將物料備齊，卽行興工，限四月初旬告竣。果能年年如此，庶河患可涂矣。

志有之，防河如防虜，虜至而後爲治兵繕甲之計，則必爲虜所乘。河漲而後爲鳩工聚材之計，則必爲河所乘。此一定之理也。臣請於秋防告竣之後，至十月中旬，各該司道，卽便會行各掌印管河官，沿隄踏勘，分爲三等。……官夫物料，遞加減殺，造册開報司道覆覈停當，定限十一月初旬類報總河衙門批允。查照分撥應辦物料，卽行各掌印官，支領歲修銀兩，如數買辦，定限正月半以前報完。隨卽興工，定限四月初旬告竣。每歲著爲成規，違誤定行參治。庶事以預立，功以早成，而無臨渴掘井之患矣。（申明修防事宜疏）

河防全在歲修，歲修全在物料。而州縣河官視爲奇貨，歲估既定，冒銀入已，括取里遞草束，河夫攀折柳梢，遮掩一二，便爲了事。……今議於十一月間，司道估計停當，各掌印官領銀收買，法固善矣。又須特委廉能職官一二員，專管收支。工完之日，將捲築過埽墻，收支過物料數目開報總河衙門查考。庶事有責成，而錢糧濫冒破矣。又冬初修守稍暇，即督夫於漫坡中採取野草，每束十斤者，每日每夫可採四十斤，積至百萬，可省千金，裨益非小。草料既備，埽護必周，衝決之患可免。即脫有不測，而物料在手，計日可塞，何致延闊糜費。此河道第一喫緊工夫也。（修守事宜）

八　裕經費

河道修守之工，既不可缺，則工料之費，必不可少。又以大工時興，動需鉅款，欲求事功之順利，必備經費之接濟。而款項之來源，或取之國帑，或征之民間，或行挪借，或加附捐。要之欲工之如期完成，事之不至敗壞，則必有充裕之款項，以時濟之而後可。以理論之，總河衙門爲治河之機構，需款則求之國帑可矣，似不必自謀籌措也。然當河工緊急之時，偶值帑藏空虛之日，時機一失，大禍即臨。主其事者必致寢饋難安，不得不爲越俎之謀也。

大工肇興，費用不貲，帑藏空虛，既難搜括，閭閻窮困，又難加派。臣等反覆思維，無可爲處。萬不得已，輒有非分之請，而非所敢必也。臣等聞太倉之粟，可備八九年之食，積愈久則粟愈朽。故官軍之情，有不願本色，而願折色者。稍加變通，未爲不可。合無暫將今歲漕糧，除淮北及河南，山東照舊兌運外，其淮南并浙江等省，姑准改折。照例正兌每石連耗米輕齎折銀七錢，改兌每石連耗米折銀六錢，即以五錢給軍，正兌尚餘銀二錢，改兌餘銀一錢。兌運停止，官軍應得行月糧，俱可免給，以正額解京，而以餘銀并行月糧留發河工支用，總計可得九十餘萬兩。以運軍應得之數，而濟國家大工之需，在內帑無支發之煩，在閭閻無徵派之苦，在朝廷爲不費之惠，在河工免缺乏之虞，而在工諸臣亦得悉心疏築，可無顧此失彼之慮，所謂兩利而俱全者也。臣等非不知近該科臣建議，奉有明例，但錢糧浩繁，時當絀乏，舍此則惟有請發內帑耳。故敢冒昧陳瀆，伏望敕下該部，再加查議，如可允行，河工幸甚，臣等幸甚！（河工事宜疏）

今自徐州以至揚州一千三百餘里，而[illegible]給於歲征災逋數百之銀，是所謂無米而炊，空拳而搏，雖有智者，其何能濟！每歲一遇水患，動輒束手，坐視其敝，蓋由此也。近者大工肇興，仰荷皇上俯從改折之議，在公帑無虧額之餘，在閭閻無加派之苦，以不費之惠，成最繁之工，實皆廟算主持之力也。然事莫難於守成，患恆弭於有備。故臣等於告成之後，惓惓以乞留大工餘剩銀料，以備每歲修防支費，蓋誠慮及於此也。然今徐北大修行縷二隄，以估用五萬一千有奇，加以議甃高堰石隄，必將大工餘銀，盡數支銷，亦未足用。然則預爲後日修防之備者，則積災孑遺，力有不堪。若欲派之各省四百萬之漕運，則所在加賦，勢又不可。欲再以餘鹽贓罰爲請，則已經工部咨議，未蒙戶部准留，似難再瀆。查得萬曆五年，該戶部題覆淮揚撫按會題爲仰體皇仁，亟處荒蕪要區，開地利以厚民生事。內稱往年凡遇挑河等役，每引帶鹽徵銀以濟工用，議將淮南北共九十萬引，每引許商人帶鹽六斤，赴掣每斤徵銀五釐，並隨餘鹽銀兩上納，另項庫貯。計每歲帶徵銀二萬七千兩，以濟墾田之費。原議至萬曆八年住支。查得前項帶徵銀兩，往歲原供挑河之用，不係解部濟邊之數。委應徵解河工備用。……（覆議善後疏）

……洗鍋待爨，不可時刻緩者，而帑如懸磬，將何以支。所據司道議將輕齎二升米銀疏復河道，江南屋船停徵米六升內，再復二升一節，誠非得已。……（議留河工米銀疏）

款領之後，潘氏不願司出納之事，而將款存淮安府貯庫，應有開支，須經司道官覈實給票，赴兩淮巡鹽衙門覆覈掛號，方許關支。有類會計獨立之制，而本人則不經支放，其法亦甚善。

鴻工聚材，出納甚瑣，收掌銷算，頭緒頗多，稽覈不嚴，必滋冒破。臣與撫臣百責攸萃，兼以閱視不常，無暇躬親經理。合無比照昔年邳工事例，將請發銀兩，俱解淮安府貯庫。各工應給工食，應買物料，府佐官開支，赴各該分司道官覈實給票，赴兩淮巡鹽衙門覆覈掛號，方許開支。每季終該府將票類送巡鹽衙門，比對號印數目相同，發回附卷。通候工完，類覈造冊奏繳，如有姦弊，按法追究。庶臣等得以專心河工，而錢糧亦易於清楚矣。（河工事宜疏）

九　理人事

工程、經費而外其最難處理者厥爲人事。甚或人事較其他更爲煩雜。其關於浮言一節前已論之，即就官民之管理言之，非恩威兼施，賞罰嚴明，使官得久任，民有所養不可。潘氏之成功得力於此者不少。其議宜久任之言曰：

竊謂天下之事皆可以揣摩測度而得之，惟治河一事，非身親經歷，足遍而目擊之，則文移調度之間，終屬影響。故以大禹之智，必十有三年而後成功。蓋其諏諮荒度，非假以歲月之久不得也。何也？水性有順逆，河情有分合，地勢有夷險，隄形有高卑。某處迎溜，作何捲築，以當其衝。某處擩灣，作何幫護，以防其汕。至於分派官夫，皆宜有定額，置辦器具，各有攸宜。儲畜物肥，栽插柳株，一切瑣屑事宜，種種皆須料理。（申明河防事宜疏）

治河有定議，而防河無止工。工之不可止者，乃所以成其議之一定而不可撓者也。何也？治河之道，惟有捄偏補弊之法，必無一勞永逸之事也。……故管河之官必以河爲責，而他務俱所不遑。防河之夫，必以河爲事，而諸工有所不逮。朝於斯，暮於斯，飲食起居必于斯。功以久績，業以專成。如此而尤有傾圮頹敗之患者，臣所未解也。……自今伊始，凡遇差委管河大小官員，及調用各項夫役，必須申呈總理衙門批允，方許委調。如有抗違，容臣指名參究，庶幾人無廢事，而工可責成矣。（申明修防事宜疏）

河工浩繁，道里遙遠，若非多官分理，不免顧此失彼。分工之後，錢粮出入，工程次第，皆有首尾。遇有升調等項，若聽其離任，則本官所分之工，又須另委補替，文移往來，便至逾月，及到工所，茫然無措，何以望其竣事而底績也。合無俯念河工重大，如遇前項相應離任官員，容臣等暫留完工。稽其勤惰，別其功罪，請旨處分，方得離任。庶人心專定，覬覦不萌，而事易責成矣。（河工事宜疏）

其議專責成之言曰：

州縣正官，職專親民，故民易驅而事易集也。奈何相沿之弊，視河患如秦越，視管河官如贅疣。即以分司部屬臨之，蔑如也。妨工僨事，實由於此。目今大工肇興，諸務叢挫。若非責成各掌印官，鮮克有濟。合無興工之後，一應派撥夫役，買辦物料，俱以責之各掌印正官，躬親料理。仍選委賢能佐貳，管押夫役赴工，不許將陰醫等官搪塞。如有仍前玩愒，派辦失宜，以致夫役逃散，物料稽遲，該工司道官即時參呈，以憑奏治。事完之日，仍與管理河工諸臣一體分別題請施行。庶事權歸一，人無推避，而大工自易矣。（河工事宜疏）

……臣嘗以責成掌印爲請。……奉有明旨矣。官吏更換，若罔聞知。……伏願自今伊始，調度夫役，備辦物料，則責之掌印官。趨事赴工，董率巡守，則責之管河官。如有疏虞，掌印官與管河官同罪。至於郡之有守，關係尤重，瑣屑之事，固難責成，而提綱挈領，區裁督察，得守令有所受承者，郡守之責矣。（申明修守事宜）

其議明賞罰之言曰：

各工委官，除府佐縣正外，其州縣佐貳，府衛首領，及雜職陰醫義民等官，或管領人夫，或措辦樁埽，或運取磚石，或打造器具，衆務紛紜，如臂使指。但各官出入泥淖，櫛沐風雨，艱辛畢萃，殊可矜憫。有功而薄其賞，誤事獨重其罰，此人心之所以懈弛，而事功之所以隳墮也。合無工完之後，容臣等逐一精覈，如有實心任事，勞苦倍常者，俯賜破格起擢。中間有劣陞王官等項，准與改擢。其陰醫管官，原有部劄冠帶者，厚加獎犒。如係義民，准照題給冠帶榮身，仍與陰醫等官，一體免其本等差徭。庶人心爭奮，而百事易集矣。（河工事宜疏）

勵世磨純之術，惟在勸懲有道。而於河防最苦之事，人心尤易懈弛。（申明河南修守疏）

其議宜優恤之言曰：

各工夫役，計工者，每方給銀四分，計日者每日給銀三分。而本籍本戶幫貼安家銀兩有無，聽從其便，茲亦不爲薄矣。但貧民自食其力，衝寒冒暑，暴風露日，艱苦萬狀，縱使稍從優厚，亦不爲過。合無每夫一名，於工食之外，再行蠲免丁米一年。容臣等出給印信票帖，審編之時，許令執票赴官告免。州縣官抗違，許其赴臣告治。如此則惠足使民，民忘其勞矣。（河工事宜疏）

淮揚河患頻仍，民遭昏墊，稱最苦者，如淮安所屬山陽、清河、桃源、宿遷、睢寧、安東、鹽城；鳳陽所屬泗州；揚州所屬興化、寶應；徐州所屬蕭縣；十一州縣者，一望沮洳，寸草不長，凋敝極矣。適今大工興舉，用夫頗多，舍近取遠，鄰封未免有詞，而此中流移貧民，亦賴做工得食，少延殘喘。應派夫役，既不容已，應輸賦稅，復加責辦，實爲煩苦。合無軫念災極民窮，姑將前十一州縣本年見徵夏秋起運錢糧，特蠲一半，行臣等揭示通知，俾催科稍寬，人樂趨役。（河工事宜疏）

十　贅言

潘季馴奉嘉靖、隆慶、萬曆三朝簡命，四起治河，歷任一十二年。迭奏平治之績，其功固有足多者。然其治河方法每與科學原理相符合，後世奉行三百餘載不替。蓋皆由其體察水性，熟悉河形，積心研究之所致，自與一般臆測妄度，喜新好高，不務實際者不同也。夫科學者，乃就自然之現象，經觀察、試驗、研究而得之結果，古今如此，中外皆然也。竊嘗謂治河之法，無新舊中外之分，要在順自然而利導之，率其道以控制之，使水有所歸，祛其害以謀其利而已。

潘氏之言曰：「故治河者必無一勞永逸之功，惟有救偏補弊之策。不可有喜新炫奇之智，惟當收安常處順之休。毋持求全之心，苛責於最難之事。毋以束濕之見，強制乎叵測之流。毋厭已試之規，遂惑於道聽之說。循兩河之故道，守先哲之成規，便是行所無事。舍此他圖，即孟子所謂惡其鑿矣。」（河議辯惑）於此可見其處世之態度，治河之原則。平易經常，即所謂天道，即所謂自然。順乎天道，法乎自然，此其所以久也。

第六章　陳潢

一　傳略

陳潢浙之秀水人，一作錢塘人。字天裔，一字天一，號省齋。清初布衣，饒學識。靳輔過邯鄲，見題壁詩，異之，蹤跡之，乃潢也，禮之入幕。時靳氏撫皖，潢見廬鳳間多荒蕪曠土，因議爲溝田之制，說本井田之溝洫。繼靳氏於康熙十六年，丁巳（西元一六七七年），擢河道總督，隨之赴任，事不果行。莅任凡治河之事，靳氏必相垂問，潢必竭誠解答。賓主嘉賓，開心布腹，大受倚賴。其詳見於張靄生所著河防述言一書。歷觀靳氏十載之治績，莫非經潢之所規劃，故本篇特申述之。

論者謂靳氏治河，高家堰築，清水潭塞，南運北運交移，皂河中河繼開，揚帆數百里，即渡洪河，引纜千檣，便登天府。啓鞏國萬年之慶，蘇東南半壁之勞。其勳績懋著，誠不可滅也。曰：靳氏承印川之學說，奏治平之偉業，爲有清一代名臣；遺範昭垂，堪足矜式。惟本篇非登記勳業之冊，乃研究方略之文，是以不得不推潢也。然靳氏不掠人之美，不貪天之功，載潢之言論於河書，表潢之功績於奏摺，使其言行得以表白傳世，則靳氏不矜不伐，取人之善以爲善，用人之才以成功，實有足多矣。

潢之建議甚夥。如黃河倒灌北運河口日久，潢建議創挑皂河二十里，支河三十里，由張莊運口北上，隨以得通。又南運河口自明季以來，漕船俱出甘羅城口之天妃閘，閘口逼近黃河，使易倒灌，比之北運口門爲尤甚。潢建議改進太平壩，遷其途以避之，皆得成功。今更就其所主持之工程，略述一二。

靳氏初莅河干時，黃水決者數處，而楊家莊之患尤大。河流盡歸決口，北流入海，正河淤塞，漕不得達。宿遷以東，北岸民田皆成巨浸。潢先導南岸淮水，從清口暢流，以滌下流入海之淤淺，使故道以疏。然後溯決口之上游，從南岸開鑿河，引流入於故道。濟口既不倒灌，故道既得疏通，河水已半歸故道，於是決口之勢稍殺，隨捲斤帶塞決。

清水潭者，在高郵北，運道之所由者也。淮水東潰將隄防盡決，數十里路無畔岸，湍波衝激，旋為深淵，故曰潭也。初時因漕船經此輒被漂汨，運道中阻，勢在必修。然塞之必隨水而瀉，屢修屢潰，茫無津涯，估工者計費百萬訖無效。潢周視形勢，遂估計其費為十萬可塞也。監司以下，皆不敢任其事，謂前估五十萬，今估十萬，費省十之八，焉能冀其有成效。潢躬自治之，竟如數成。運艘行乎其間，永無漂漲之患，故名之曰永安河。

漕船自淮濟出口，溯流而上，尚有一百八十里之遙，重載逆水，固屬難行，而黃水湍急，於徐州以東更甚。每船過黃，增僱短縴必二十餘人，而日行尚不過二三十里。況遇暴風漲水，不無漂淌之虞。淺洲淤沙，更有起駁之累。潢因修建遙隄，乃於宿遷以下，如七里溝、上渡口諸處取土築隄，即闢開運料小河。後因而挽叟於黃河北岸之內，另疏一渠，瀉北運河之水。從攔馬河起，至仲家莊止，凡一百八十里，就運料小河，通而濬之，擴而深廣之，所費頗節，而中河之運道成矣。運丁載頌懽呼，口碑載道。康熙四十六年加贈靳輔太子太保仍給世職拜他喇布勒哈番。黃聖諭中，特獎中河之功，有云：「至於創開中河，以避黃河一百八十里波濤之險，因而漕挽安流，商民利濟，其有功於運道民生至遠且大。」可見其效。

康熙二十三年，帝南巡閱工，從容問輔曰：「爾必有博通古今之人為之佐！」輔以潢對。賜參贊河務，按察司僉事銜。

迨乎兩河奠安，向所淹灝之區，漸次涸出。潢復理溝田之說。先於安東之野，就湖田地而屯墾焉。試之而利，因籌帑金之耗於河工者無算，可即涸出之土田，開屯收息，以償庫項。後日者屯租積儲漸多，又可備河防之費。是則國帑可節，且兩河無業之民招之播種，又使各安其生，遂有屯田之舉。其要先構廬舍，定疆界，給牛種耕具，以招徠流移，歸者如市。疇昔所歎為汚下之澤國，行見墟烟相望，比成沃壤矣。及闢土漸廣，而豪強佔利，私墾亦多，司事者從而清釐之，怨謗乃起。是時忌功者流，見靳氏治河告成，苦無從媒孽短長。適因屯田之事，奸民散布流言，欲阻撓屯政，以利其私。而忌者乘之得以誣陷矣。潢力辯之，並願請會勘。然抵京積勞且憤，一病不起，而心究不能白於天下。

靳輔遼陽人，隸漢軍鑲黃旗，字紫垣。順治間，由官學生考授國史院編修。歷任安徽巡撫，河道總督等職。康熙二十七年御史高琇劾輔治河無績，內外臣工，亦交章論之，乃免輔官以王新命代之。康熙二十八年南巡閱河，聞江淮之民俱稱頌靳輔，感念不忘。侍郎博濟等亦疏稱輔功，乃復輔官。康熙三十一年罷王新命，仍以輔爲河道總督。是年冬輔歿。

本編凡引陳潢之言，皆注以河防述言某篇；至於彙引靳輔之言者，則僅註篇名，以資區別。

二　河勢

清初河勢，與明季無大異。而治河仍以漕運爲主，亦如昔制也。惟經變亂之世，河道乃敝壞不堪。其概略情況，可於靳輔河道敝壞已極疏中見之：

查今日河患之所以日深者，皆因順治十年（西元一六五三年）至康熙六七年（西元一六六七——八年）間所沖之歸仁隄古溝、翟家壩、王家營、二舖口、邢家口等各處決口，不卽堵塞之所致也。……王家營、二舖口、邢家口沖潰之後，黃河之水由決口四漫者多，而由雲梯關外入海者少。古溝、翟家壩等處沖潰之後，淮河之水由高寶諸湖直射運河，沖決清水潭，下滲高江等七州縣之田者多，而赴清口會黃入海者少。河淮兩水俱從他處分洩，不復併力刷沙，以致流緩沙停，海口積墊，日漸淤高。從此由遠至近，由外至內，河沙無日不停，河底無日不墊。海日淤而雲梯關亦淤，雲梯關淤而清江浦、清口並淤矣！迨至康熙十五年間，各處又復大水，黃淮又復并漲。清口以下之河身既高，不能奔趨歸海，而睢湖諸水，又合淮水并力東激，以故除古溝、翟家壩等原沖九處之外，又將高良澗板工沖決口大小二十六處，高家堰石工沖決口大小七處。諸水盡由決口直注運河，加沖清水潭、三淺等處。各決口下滲七州縣之田，而涓滴不出清口。黃水又乘高四潰，沖決千家崗等處。又復潰入爛泥淺，將武家墩板工沖開五十丈，入故明所開之廢河，歷楊家廟，會合淮水，直奔清水潭。北武家墩上流，刷成大河，寬一二百丈不等。又分一股入洪澤湖，由高家堰石工決口會淮併歸清水潭。而於各舊決口之處，則又浸淫四漫，較之以前，勢愈分洩，以致下流更淤。而河身高墊，更不可言矣。故靳氏督河之初，即力謀黃河之挑濬，隄堰之培護，決口之堵塞，運河之挑疏。蓋以積數十年之敝敗，非大舉興修不爲功也。至於黃河及漕運之形勢，可略述之如次，以明梗概。

河自潼關折而東流，經閿鄉、靈寶至陝州，穿三門山。又東過新安（距河七十里）、洛陽、孟津（距河六里），至鞏縣北。洛水會瀍、澗、伊諸水西南來注。又東過鞏，孟濟水自陽城北來注之。又東過成皋大邳山，汜水南來注之。又東過滎陽，絕蒗蕩渠。又東至河陰（距河五里）、武陟（距河十五里），沁水自潞澤北來注之。又東行，其陰爲滎澤（距河八十一丈）、鄭州（距河三十五里）、中牟（距河四十里）、祥符（開封距河二十里）、陳留（距河六十里）、蘭陽（距河十五里）、儀封（距河十六里縣今改蘭封）諸邑；其陽則爲原武（距河二十里）、陽武（距河二十里）、封邱（距河三十里）三邑，及祥符、蘭陽北境。入山東曹（距河四十里）、單（距河四十里）等，又稍東南入歸德境，過考城（距河七里）、商邱、虞城（距河十五里），入江南界。經碭山（距河八里）、豐縣（距河七十里）、蕭縣（距河四十里）、徐州（臨河今銅山）、靈璧（距河一百餘里）以北，出於邳（臨河）、睢（距河四十里）之間，復正東流。過宿遷治南，又過桃源（今泗陽）治之北，又東至清河（明崇禎末遷甘羅城，清初復舊治，乾隆間移治清江浦運河南岸，民國改爲淮陰。）南數里，淮水出清口，西南來會之。乃過山陽治北，從安東（臨河今改漣水）治南，東北流至雲梯關入於海。（川瀆考）

全漕運道，自浙江迄張家灣，凡三千七百餘里。由浙至蘇，則資天目、苕、霅諸溪之水。常州則資宜、溧諸山之水。水至丹陽而山水絕，則資京口所入江潮之水。水之盈縮視潮之大小，故裹河每患淺澀。自瓜儀至淮安，則南資高寶諸湖之水，西資清口所入淮河之水，俱由瓜儀出江。故裹河之深淺，亦視兩河之盈縮焉。自濟至直河，則資黃河之水。自直口至濟寧，則資汶、泗、沂、洸之水。自濟寧至臨清，則資汶河之水，即泰安、萊蕪、徂徠諸泉也。從南旺分流，至濟寧天井閘，會泗、沂、洸三水濟運，北流至臨清以會衛河。然天旱泉微，每苦不足。自臨清至天津，則資衛河之水，由直沽入海。而自天津至張家灣則資潞河、白河、渾、榆諸水矣。通州以上，則資大通河之水，以達京師。（漕河）

靳氏統觀黃淮形勢，以為決之北岸，其為害更大。蓋以南亢而北下也。且開封南岸，從汴河可以達淮，歸德徐邳而下，其地山陵，其隄歸仁，其湖靈芝、孟山、洪澤，其去無路，久之而亦復其故。又與運道無係也。然同一北岸，而其害又有大小之不同。若河自閿鄉，下迄滎澤六百里，大抵山多而土堅，不甚潰決，不具論。至安東以下，雖決北岸，然與海近，不遠漫。徐邳北岸，即潰決而岡阜四合，盤紆東下，貫皂河，入駱馬，而並歸中河。曹單潰決，或由魚台上下以入運，或匯荊山口彭家河以入運，皆無奪河之患。若宿桃清河北岸一有潰決，則運道首阻，而自海沭以南，馬陵迤左，周圍千里，渺然巨浸矣。開封北岸有一潰決，則延津、長垣、東明、曹州、三直省附近各邑皆溺。近則注張秋，由鹽河而入海，遠則直趨東昌、德州而赴溟渤，而濟寧上下無運道矣。然淮河上下千一百里，所隄防者，止一高堰。堰之不保，不特淮城其沼，高寶七邑其魚也，亦不特清口淤墊，漸至海口亦淤墊也。河決于上者，必淤于下，而淤于下者，又必決于上，此一定之理。下口俱淤，勢必以漸而決于上，從此而桃宿潰，邳徐潰，單曹開封潰，奔騰四溢。東省諸山泉，亦阻塞而不得暢，泛溢之勢，更挾黃水而愈漲。而運道民生不可復問矣。（節錄黃淮全勢）自此亦可略窺其時工程之險要，及其與漕運之影響。

三　治水勿違其性

靳輔由安徽巡撫，擢河道總督，問於陳潢曰：「比年河決數處，濁流泛濫，故道淤為平陸。國患阻漕，民苦墊溺，河害於今亦大矣。治之數年罔效，豈河終不治乎？余不敏，茲奉督河之命，敢不竭力荒度。子盍為我籌之！」陳氏曰：

河之形有古今之異，河之性無古今之殊。水無殊性，故治之無殊理。千古治水者，莫神禹若也。千古知治水之道者，莫孟子若也。孟子曰：「禹之治水，水之道也。」傳曰：「順水之性也。」又曰：「禹之行水，行其所無事也。所惡於智者，爲其鑿也。」旨哉言乎！洵深得治水之至理者乎？潢嘗觀人事萬端，或可騁機巧，或可事矯揉，或可任粉飾，猶得掩耳目於一時，竊虛名於後世。若水之性，一定而不可移，而黃水之性，尤奔注而不可遏，挾沙而不可停。且與淮合流之區，絕無山陵阻恃，更散漫而不可約束。是機巧於此無所騁，矯揉於此無所事，粉飾於此無所任，惟有順其性而利導之之一法耳。故孟子云行所無事，誠爲千古治水之至言，爲千古神禹之知己也。

疏淪排決，無非事也，而曰行所無事何也？

所謂行者，疏淪排決是也，所謂無事者，因其欲下而下之，因其欲瀦而瀦之，因其欲分而分之，因其欲合而合之，因其欲直注而直注之，因其欲紆洄而紆洄之。一順水之性，而不參之以人意焉，是謂之無事也。水今橫決，豈河竟順其橫決之性，而遂謂之治之乎？

不然！今河之橫決，非河之大性也，猶人之拘於氣稟，蔽於習俗，以至蕩佚爲非，而曰其性本惡也，豈其然哉！夫河之所以決者，皆由黃水暴漲，下流壅滯，不得遂其就下之性，故旁流溢出，致開決口。決口既開，旁流分勢，則正流愈緩。正流緩，則沙因以停，沙停淤淺，則就下之性愈不得遂，而旁決之勢益橫矣！若曰河性喜決，此豈知河性者哉！

然之河之性者何？

約而言則曰就下；分而言則避逆而趨順也，避壅而趨疎也，避遠而趨近也，避險阻而趨坦易也。漲則氣聚，聚不能洩，則其性乃怒。分則氣衰，衰不能激，則其性又沉。流迅則性能挾沙土而俱行，勢集則性能壞山陵而襄上。土能制之，則縷岸可抑其狂，風能助之，遇驚飆益張其勢。故禦之得其道而利無窮，若禦之失其道，則害莫可測。善治水者，先須曲體其性情，而或疏、或蓄、或束、或洩、或分、或合而俱得其自然之宜。雖有所事，究歸於無事也。宋神宗曰：「後世以事治水，故常有礙以道，治水無逸其性可也。」此與孟子之言似有合焉。至所云能順水所向，遷移城邑以避之，此猶未知水性，而不明順之之道也。水之性豈必欲向城邑耶？水之所向，輒從而避之，匪常法也。如徐州而上，三門以下，土鬆地闊，則寬其途以讓之，而水性以安。徐州而下，城邑逼近於河，所宜嚴其防範，束流刷沙，以趨於海，而河性亦以安然。則寬之束之，皆所以順之耳。孔子繫易曰：「天道虧盈而益謙，地道變盈而流謙。」夫水麗於地者也，其道之變遷，必由於盈而流，利必歸於謙也。盈也者，漲也，塞也；謙也者，虛也，下也；故水無不下也。孟子論水深得於孔子易道者也。故善治水者，惟於盈而防其變，於謙而道其流，水自得其性矣。水果爲厲於世者耶？（河防述言河性第一）

古之時雖有治水之功，殊少論水之學。殆多知其當然，不知其所以然也。洎乎近世，科學大昌，論理日精。於是講述水文之變化，昇降之原理者，有水象學；探求水流之性能，冲激之強弱者，有水理學，論防患者，有防洪學，論溉田者，有灌溉學，論水運者，有航運學，論水力者，有水力學；研究水之供應者，有給水學，研究水之排洩者，有排水學。各成部門，對於水之認識亦較清矣。然陳氏論水性於二百六十年前，本乎儒家性理之學，發爲體察水性之論，雖稍涉虛渺，而能道出行水之性，治水之法，自非純事空論玄想者所可比也。

四　行水須審其勢

靳輔問於陳潢曰：「子言治河必順水性，其要何也？」陳氏曰：

必也其度勢也。今者諸患並作，若不先度大勢之輕重緩急，而務其重者急者，猶振衣而不知所挈也。雖然重與急之患，又非即於患處治之也，必推其所以致患之處而急圖之，是非熟審焉不爲功。如有患在下而所以致患在上，則勢在上也。當溯其源而塞之，則在下之患方息。譬如足病只知療足，而不探其足病之所由來，雖投藥百劑勿效也。不獨無效，病且增劇。諺云：下流壅塞，水缺愈塞愈大，此之謂也。又有患在上，而所以致患者在下，則勢在下也。當疏其流以洩之，則在上之患自定。譬如困賊於圍中，而不開一面以分其志，以緩其憤，則將激其必死之心，一旦潰圍而出，不可收拾矣。故上流應洩者，先須於下流疏之。此又釜底去薪法也。由是觀之，非歷覽而規度焉，則地勢之高下，不可得而知，水勢之來去，不可得而明，施工之次序，亦不可得而定也。漢請為公跋涉險阻，上下數百里，一一審度，庶弘綱克舉，而籌劃乃可施爾。

兩河形勢，載籍可考，繪圖可稽，奚事親歷為？

今昔之患河雖同，而被患之地不同。今昔治河之理雖同，而弭患之策亦有不同。故善法古人者，惟法其意而已。若欲考載籍以治之，何異按圖索驥，刻舟求劍耶？

然是固當親歷也，爾子言治河之理；今昔無殊，則審勢之說，亦有所仿乎？子其為我詳言之。

禹貢首言隨山刊木，奠山大川，非審勢而何？乘四載，尤先事歷覽之徵也。周禮考記曰：「溝必因水勢，防必因地勢。善溝者水漱之，善防者水淫之。」訓詁之家衆矣，先輩惟以王昭禹說為得旨。說曰：溝所以導水，不因水勢，則其流易塞。防所以止水，不因地勢，則其土易崩。故為溝者必因水勢之曲直，則其流斯無壅矣。為防者必因地勢之高下，則其土斯無崩矣。善溝者必漱齧之而無所壅，以因水勢故也。善防者必淫液之而無所決，以其因地勢故也。」又按說文，淫者浸淫，隨理也。徐氏曰：「隨其脈理而浸漬也。」凡此者何？莫非揆度情形以治水之謂歟？惟是勢之為言亦不一矣。有全體之勢，有一節之勢。論全體之勢，識貴徹始終，見貴周遠近。寧損小以圖大，毋拯一方，而誤全局。寧忍暫而謀久，毋利一時而遺慮於他年。地有高卑，有險易。土有淤鬆，有燥濕。其應鑿應築，可行可止，必究其致患之故，以為探本之謀。必得易於施工之法，以成夫為下因川之計。是皆舉全勢而審度之者也。若論一節之勢，如水弱必束之使其勢急，如水強必洩之使其勢平，水勢停緩，宜引之使直，水勢猛疾，必紓之使寬，水勢沖射而難遏，必築上流以逼之，使之瀠洄，水勢薄澥而可用，即合其流以導，使之洗刷。此皆因勢之說，又隨時隨地而酌之者也。苟不知勢，用力多而成功少。若審勢以行水，則事半而功倍。如孫臏之救趙，庖丁之解牛，均是法也。治水者，尤不可不神明其意焉！（河防述言審勢第二）

今之舉辦水利工程也，必先之以查勘，繼之以地形水文測量，迨夫資料搜集，然後設計而施工，此幾爲不可紊亂之步驟。嘗見有淸末季，聘請客卿治水，則必先以地形水文資料相詢，蓋捨此則魯班難乎爲工也。而後之人，每多不明此事之重要，與夫水文之須有悠久之記載也，忽作忽輟，殊爲可惜。科學東漸五十年，迄今黃河尙無可資依據之圖表，以資規畫。蓋以言事功者，每因此種工作成績之隱而緩也，不加注意，因循歲月，識陳氏之言，寧無愧乎？古今治河之方法不同，則其所需之資料自有精簡之分，然至理則千古不變。「非歷覽而規度焉，則地勢之高下，不可得而知，水勢之來去，不可得而明，施工之次序，亦不可得而定也。」誠金科也。至其勢既審，則因勢利導。「識貫徹始終，見貴周遠近。」識見本乎度勢，利導在於因勢，實不易之論也。至於「探本」之論，「因勢」之說，實可當一部治河書。故靳氏聞而嘆曰：「聞子言不異讀書十年也。」於是治裝與陳氏遍閱黃淮形勢，及諸冲決要害，因條列籌河八疏，次第上之。

五　款當用者不可節

陳潢問靳輔曰·「大工告興，不可以惜費用。公其亟請發帑乎？」靳輔曰·「今者三逆甫平，需餉尙繁，臣子體國分憂，乃其分也，河工修築，惟當節省是務。」陳氏曰·「否否！逾千里者，三月聚糧。治河之役與治軍無異。庀材鳩工，非財不辦，亦猶用兵之要，必先料其倉庫，轉其芻糧也。若千里饋餉，士有飢色，樵蘇後爨，師不宿飽，則諸事罔濟。昔人云：虛竈乏粒，易牙不能炊，空柯無刃，公輸不能斲，蓋謂此也。夫河之於國計民生所繫綦鉅，其與軍政正復相埒，未可以軍旅爲急，而視河防爲緩圖也。帑固應請，但錙銖皆黎庶脂膏，宜省之又省，以上體節用之至意耳！

不當用而用之，謂之不節，若當用而反節之，恐後之費轉相倍蓰也。公日嘿沸水編年，寧不知唐劉晏之理財乎？足國而不厲民。三代以後，能理財者，莫有過於晏者也。考其造運艘當倉庾，凡諸工計，寧寬毋刻，寧增毋減。其意蓋曰始製不惜，物可經久，後圖修整，亦易為功。是經始之多費者，正以省費也。設初估苟簡，勢必草率而易壞，一壞之後，不能修復，勢必更張而置構，則其費不更多乎？故深於為國計者，不可圖一時之省用，而遺旋築旋壞之虞，不可顧目前之易完，而致垂成垂敝之咎。大凡估計寧留有餘以待節減，慎勿先為苟且之計，以致因小而誤大也。彼有司之浮冒估銷以圖侵漁，此不肖之甚者，法固必懲。若以多估為已嫌，以撙節為迎合，雖賢者亦恐不免。殊不知大臣公忠為國，當計其大者遠者，不當於當用而節之，以留國家異日之患，並累蒼生從罹漂溺之災。將斂國殃民，不幾乎因循苟且一念基之乎？可不慎哉！子言誠是也。諺云：日費斗金，不敵幽鬲一決。以公私有盡之金錢，而填此無窮之壑，天之生水，利人為多，不圖黃水為害至於靡已也。可不深懲也夫！

噫！公之悲天憫人，意良善矣！然亦皆狃於成說，而未之思耳！國家終歲之出入，以千萬計，大半皆以養兵。今時當治平，未聞以糜餉而遂弛兵備也。至於河工歲修之額，設二十餘萬，不及兵餉百分之一。即另有疏築大工，歲增亦不過數萬金，奈何獨以黃河為耗財耶？況王者以天下為家，其城郭河渠猶家室之有棟宇溝洫也。百金之家構一室，每歲必有塗茨修葺之用，豈富有四海，而惜此整理山河之費乎？且東南漕運必經於河，國脈流通，利濟匪細，是又所費小，而所益大也。方今當宁軫念河患，一以奠安民昏墊是圖。凡有請發，無不允給。仰見廟謨宏遠，則任事臣工，宜仰體此意，何沾沾惜費為哉！（河防述言估計第三）

「不當用而用之，謂之不節，若當用而反節之，恐後之費轉相倍蓰也。」是為陳氏對於計劃工程時之估計原則，豈斤斤於目前之短見者所能了解者哉！夫防患即所以生利，蓋以患不除，則大河南北膏腴之田，盡為水浸，甚又何農產廬舍之可言？世每謂黃河為無底之壑，為敗家之子，而以其支出為浪費者，斯蓋未之深思耳！誠如陳氏之言，「大臣公忠為國，當計其大者遠者，不當於當用而節之，以留國家異日之患，並累蒼生罹漂溺之災。」發人深醒。惟尙有應爲補充者，則陳氏倡言「寧留有餘以待節減。」「寧寬毋刻，寧增毋減。」但未說出有餘寬增之限度也。凡工程之設施，必有其成就之目標，亦卽預有收穫利潤之估計，或保護財產之數額。卽可以設計之依據，估計之準繩。使費用與獲益相衡，自無所謂寬刻增減之分。若以免除水患而論，以防禦五年一遇之洪水爲對象也，以十年，二十年，百年爲對象；以保護農產之利益爲對象也；以保護工業、住宅、都市爲對象也。如此則工程之設計，以月標而定，費用以時價而估，既無浪費之譏，復可得社會之諒解，此正道也。然我國歷來治河之費用，動曰發國帑若干，但較之所保護之利益，實不及萬千之一，故雖寬寧增，亦不至超出經濟利益之限度，是則可斷言也。如是則陳氏之論仍能適用於今日。數百年來殊少進步，悲夫！

靳氏據其說，乃條陳挑清江浦至海口河道，挑濬淸口，築高堰坦坡，堵塞決口，挑濬運河等工程，計共需款二百二十餘萬兩。惟以庫無可撥之款，卽議請由被淹田畝徵納修河費，運河貨物加納剝淺貲，及開廣武生納監之例，以三項所入作治河之用。雖未能如議照辦，亦可見其時籌款之艱難。玆節錄原疏如次：

臣審勢揆情，減築隄濬河之丈尺，幷條議坦坡制水，下埽包土等法以代石埽板工。然實尙需銀二百一十四萬八千餘兩，並臣第八疏內應打造濬淺船二百九十六隻，約需銀一萬，通共需銀二百一十五萬八千餘兩，乃必不可少之數也。……惟是所需如許多金，既事在必不可少，而又實無可撥之項，臣因再四圖維，不敢稍避勞怨，委曲詳酌，謬擬設處錢糧之計，謹一一爲我皇上陳之。其一則議令淮揚被淹田畝補納修河之費也。竊計淮揚二郡被淹田畝，何止十萬餘頃。祇因皆被水占，耕鑿難施。若黃淮與運河已治，則田土盡出，可以施耕鋤，而望收成矣。其中量納修河之費，豈特理之所宜，諒亦情之所願也。……約可得銀一百六七十萬。……一則運河經過之貨物宜令加納剝淺之資也。査運河內一切往來船隻，向因河身淤墊阻滯，盤剝艱苦萬端。若黃淮俱歸故道，淸口以內一律浚深，則此後各船俱可暢行無阻，省費甚多。因令量輸所省之費，以作治河之用，亦勢理之所宜，情之所願也。……如此收至一年，卽行停止，約可得銀一二十萬兩。……一則開廣武生納監之例也。臣訪得武生之中，亦有願納監生入文場鄉試，而格於文武兩途，不敢擅自請納者。今若准令武生亦照文生之例，許其加納，准入文場應試，則願納者必多。……臣請許令武生加納銀一百六十兩，准與文生一體爲監生，……大約一二十萬金，似亦可得。以上三款，若蒙俞允，則治河之費已備。即有不敷，統容臣於河庫內通融動用。惟是此等銀兩，俱在河工告成之後，方可責成輸納，不能應目前緊急之需。臣愚以爲宜令直隸、江南、浙江、山東、山西、河南、湖北各直省三十州縣，俱豫徵康熙二十年分一切起存正雜錢糧十分之一，約可得銀二百萬兩，其中即有未敷，統容臣於河庫內通融動支。至各直省豫徵銀兩，請敕各省督撫諸臣，嚴督諸省藩司，即日先將見存藩庫銀兩，照豫徵二十年分十分之一之數，限部文行到該省十日內，火速墊解臣衙門濟用。如有遲誤，容臣將該司查參聽部議處。該司一面照數豫徵還庫補項。……（經理河工第六疏）

六　任人須慎選嚴考信賞罰

靳輔問曰：「銓曹需次者，紛紛赴工，以冀進用，可盡錄之乎？」陳氏曰：

營室需財，舉事需人，彼欲用命而來，安可不錄。然不可濫錄也。當慎之於始而已。夫水土畚鍤，非可優游坐治也。暴露日星，櫛沐風雨，躬胼胝，忍飢寒，其事固非易任矣。若膏澤紈袴之子，寧可與共荼語，躁進趨利之徒，不可與歷艱辛。倘假請濫錄，不獨遺誤大工，且或一時未能委以事，若輩徜遙河上，蜂營蠅鑽，何所不作？如易於甄敍，則開倖進之門，如過爲遏抑，必深叢怨之藪，公私交儆，誹謗布騰，其害何可勝道哉！甚矣不可濫錄也。

既需人而不錄之可乎？是不可無遴選之良法也。

然夫工之作也，必有有司董其役。而地廣事繁之處，非一官可辦。若支分縷析，具位庶僚，亦未足以佐之。則效力者之在所必錄也。至如選錄之要，仍當責之董理之有司。必先究其素履，驗其材力，審其邪正，擇可錄者保之，而升之於公。然後親爲驗視而錄之，而試之。以事試而不稱，即黜之，並究保者。試而稱事，由細而鉅，歷委以試之，於是堪大任者出矣。夫苟有成效，必爲荐拔，俾身受者奮庸，而聞風者蠢鼓厲。此古用人之法也。要之始貴愼其選擇，繼貴嚴其考覈，終貴信其賞罰，自可收任人之效，而又何有失人之患哉！（中略）

勸懲之道，誠在於賞罰矣。我聞之古人云：賞如山，罰如溪者何謂也。

如山云者，確乎其不可拔也，昭其信也。又山重也，所以明不輕也。如溪云者，淵乎其不測，示可畏也。又溪深也，所以明不寬也。是故賞罰者，居上之樞機，作事之綱領也。信賞必罰，自可以驅天下之才，而成天下之務矣。雖然，猶未論其本也。從來治法固行於治人，而治之本，尤在居上位者端之於己焉！公身膺重任，所貴敬以臨之也，勇以任之也，明以察之也，勤以率之，寬以期之，信以要之，恆以守之也。備此七者，又矢以實心，徵以實事，將如聲應響，如腕運指，庶司百執事，有不從風而偃者乎？於以捍大災禦大患也何有？潢於此更有請焉。潢等臆度之論，又不若經歷之言之親切而已試也。故凡田夫老役，有所陳說，皆宜採聽，以備參詳。此不任其人，而任其言，亦任人之一端也。虞舜好問，好察邇言，取於人以爲善，故其智乃大。今人命意立說，必欲出於己而後快，自私我見之未去，安可以成大事，成大功哉！（河防述言任人第四）

凡事必須人作，而人心之不同，又各如其面，此任人之所以難也。事有可爲之機，可成之勢，而卒歸敗者，十九由於人事不諧調所致。果能思想齊一，意志集中，則金石爲開，何事之不可成？語云：二人同心，其力斷金。固言合力之偉大，亦含同心不易之旨矣。二人猶夫如斯，況成大功立大業，合千萬人之心者乎？治河時機之緊張，搶護之危急，有如作戰；而經費之籌措，工程之佈置，有如謀國；至於浮言之淆惑，有類政治鬥爭；技術之設計，宛似學術研討。其事業之煩難，人事之複雜，實非一般事業所可比擬。故陳氏建議任人須愼選嚴考信其賞罰，雖爲一般之原則，而特爲治河者言之，亦可見其尤爲重要也。

再者地方官與管河官常因人事不諧，責任難明，以致互相推諉，掣肘貽誤。故靳氏主張裁併河官，選調賢員，以協理大工，護守隄防。並議嚴考成，綿任期，兼以藉重郡邑正印之力，而期河政克舉也。

竊思臣身任總河，凡直隸、東、豫、江、浙各省有河道地方，并河務河官，皆臣督理統轄，不待言矣。其自臣而下，兼理兼轄者，則爲分司各道，兼管者則爲廳印諸員，分管者則爲各州縣之佐貳雜職等員。雖官之大小各有所司，然其職掌之紛淆，銜欵之雜出，以致掣肘貽誤者，皆當確議釐定也。查河道項下，與修守護等事，既有專管分管各官駐宿河干，朝夕料理，其司道等官，原以兼總大綱，承上接下，應督率屬員，指揮調度之任，只須一官兼轄數府，不必一府而兼設數官者也。今淮揚兩府，既設淮揚淮徐兩道，又設南河中河兩分司。竊見分司三年一換，自以一官爲傳舍，而他人亦以客官目之，未免呼應不靈。且分司無地方錢糧刑名之任，其於民情之休戚，風俗之姦良，不能一一熟察，道臣係久任之官，而又兼管錢糧刑名之事，於地方情形自能周知　切，調撥協濟非宜，易於得當，而官民之奉行尤稱。惟謹臣愚，以爲宜將中河南河兩分司裁去，其該管各務，量其地形事勢，分歸淮揚、淮徐兩道兼理。……此臣所謂事可兼攝者，冗員應裁，權宜歸一者，職守應併考是也。若夫河道一事，攸關民生休戚，地方安危，良非渺小。凡膺民社之寄者，皆當曲圖補救，力爲保護，不宜徒委河官，坐視敝壞。如撥夫運料等事，在正印官有人民地方之責者，設法自易。其管河同知通判佐雜等官，與民絕不相親，於錢穀刑名街坊里下諸務，毫無關涉，安能設施？且府州縣之正印官，往往視河務爲餘事，將河官爲贅瘤，每有漠不相關之狀，而無同舟共濟之情。雖遇疾呼，未必馳救，以致掣肘誤工，不一而定。臣請嗣今以後，凡遇河防衝決之事，不論欽工民工，俱倣盜案之例，該管之道府廳州縣佐雜等官，一併照例題參議處。仍勒限半年修復完固，亦照盜案定承修督修催修之例，而責成之。如有諱決者，照諱盜例處分。至於薦舉大計等典，凡有河地方之司府州縣正印，並道廳佐雜等官，俱將河工之治否，一併考成，以分殿最。……此臣所謂大工告竣之後，保護尤資羣力者是也。以上事宜，皆指平時而言，如蒙俞允，則可爲將來防守章程。至見議大工，如果剋期興革，則必須多選能員，責成料理。……此臣所謂大工方舉之日，協理必須多員也。（經理河工第七疏）

往時河官之制，設分司四員，以部郎領其事，三年一易以為常，夫部郎之親民也，視郡邑有間，舉事率多格滯。且以年之有限也，往往履任之物皆迂疏，及車輕路熟，又以瓜去，故請撤部郎，而歸之監司郡丞。蓋監司郡丞之于郡邑，呼吸一氣，事易集。且可遴選其諳練者以名聞。又綿其歲月，責其成功，是以吏習民安，而政克舉。然大工龐雜，又非數郡丞可理，故又分設監理分理者，晝疆任責，各專其事，展其長，以課其殿最，而黜陟行焉！（改增官守）

南河先道，十有餘年，夙弊相沿，廢弛日甚，司道委之府佐，府佐委之州縣，州縣委之佐雜，而府州縣之正印，則袖手旁觀。辦物料則累月經年，計夫役則有名無實，驗工程則苟且支吾。懲不勝懲，雖河臣亦無如之何！……增定新例較昔彌嚴。其稽舉大計爵典，凡有河地方之道府州縣正印佐貳官，俱將河工一併考成，從此人知儆惕，舉千數百里之大工，屈指限期以告竣。"（首畿處分）

河工較一般工程困難之處，即在須事事依賴郡邑官員之協助。否則民力不集，物料難濟。然欲得郡邑官之切實協助，則非嚴定其章則，明辨其系統不可。此亦治河機構之所以與一般事業機關之不同也。

七　河患由於其勢洶湧其水渾濁

靳輔問曰：「同一水也，河黃流湍急，獨挾沙而行，易淤易決，與他水異。果其源有殊歟？」陳氏曰：

河非有異於他水也。中國諸水，惟河源為獨遠。源遠則流長，流長則入河之水多，入河之水既多，則其勢安得不洶湧而湍急哉！況西北土性鬆浮，湍急之水，即隨波而行，於是河水遂黃也。……又按元臨川朱思本所述河源，較為詳確，其言自星宿海發源，行十數日，水猶清淺，可涉而渡。又行數日，水漸渾濁。則河源本清，與他水無異，不益可信哉！是其挾沙而濁者，皆由經歷既遠，容納無算，又遭西北沙鬆土散之區，於焉流愈疾，而水愈濁。濁則易淤，淤則易決耳！河之濁自非其本然也。而謂河性喜決也，不更太誣乎？尤可嗤者，昔人籌河有建議欲於塞外鑿渠導之北流入於北海，勿使經中土，謂既可阻隔華彝，又使中士永無河患。論者莫不奇其策，祇惜途遙工鉅難成耳！未有知其大謬者。曩見其說，不覺啞然失笑也。何笑乎爾？夫河之自西域而來，若無他水入之，止此一水，曲折行數千里，其勢必衰，曷能爲中國患？其所以爲患於中國者，大半皆中國之水助之也。設導西域本來之水行於塞北，而域內之水，自湟洮而東若秦之灃、渭、涇、汭諸水，晉之汾、沁，梁之伊、洛、瀍、澗，齊之濟、汶、洙、泗，其間山泉溪谷，千支萬派之流，未易更僕數。凡此西北之水，安得不會爲一大川，以入於海哉！矧河防所懼者伏秋也，伏秋之漲，尤非盡自塞外來也。類皆秦、隴、冀、豫深山幽谷，層冰積雪，一經暑雨，融消驟集，無不奔注於河。所以每當伏秋之候，有一日而水暴漲數丈者。一時不能洩瀉，隨有潰決之事。從來致患，大都出此。雖使河源引而行之塞北，烏能永免中國山水暴漲之害哉！（河防述言河源第五）

本論對於河患之原因，瞭若指掌。其時測量之術不精，而能觀察入微，陳氏非飽學宿慧，曷克致此！至於駁導河塞北，以免水患之說，所據之理由，尤與今日測驗結果相符合。不佞根據歷年流量及含沙記載，得知黃河下游之水患，多源於陝之涇渭洛區，及晉陝交界之山谷澗流區。至於上游之水，不只無害於伏秋，且可濟涸於冬春。故屢著文論之，且曾以上二區爲減少河患應先着手整治之地帶。不圖陳氏已先見之，寧不見笑於九泉乎？至其言水流情形，泥沙多寡，因測量不精，無多參考價值，然可見陳氏鑽研之精，言皆有自也。

八　築隄以制水減壩以殺勢

靳輔曰：「論治河者，莫不以分殺河勢爲言，及考潘印川之說，先以隄防爲事，予今力宗之，願聞其詳焉。」陳氏曰：

拯河患於異漲之際，不可不殺其勢。若平時虞其淤塞，而致橫決之害，更不可不合其流。是合流爲常策，而分勢爲偶事也。設專務於分，則河流必緩，緩則沙停而淤淺，愈淺愈緩，愈淤愈淺，不日而故道俱塞。河既不得遂其就下之性，勢必旁衝，而四潰矣。故潘印川曰：「以人治水，不若以水治水也」。蓋隄成則水合，水合則流迅，流迅則勢猛，水猛則新沙不停，舊沙盡刷，而河底愈深。於水行隄內而得隨其就下之性，方克安流耳。所以治河者，必以隄防爲先務也。且有隄防之緣，由來尙矣，非自潘公始。禹貢曰：「九澤旣陂」。陂者隄防者。愼子曰：「治水者茨防決塞，雖在夔翟，相似如一。學之於水，不學之於禹也」。淮南子曰：「猿狢得堙防，弗去而緣」。解之者曰：「堙水埒也，防土刑也。堙當作塖與塍同」。凡此所云防者，非隄防而何？

宋太祖有云：夏后治水，但言導河至海，隨山濬川，未聞力制湍流，廣營高岸。自戰國專利堙塞故道，以小妨大，以私害公，九河之制遂隳，歷代之患弗弭。論者悉推爲知言。今之隄防非所謂營高岸，力制湍流乎？且曰力制，則非順其性矣，而乃以隄防束爲順其性，其義何居？

善治水者，順水之性，非縱水之性也。譬之人性本善，率之卽謂之道也。然易曰：「閑邪存誠」。又曰：「義以方外」。夫閑與方者非多方防閑之謂乎？惟多方防範，而本然之性乃全，是防者正所以順其性也。倘人而任情縱欲，以爲率其本性，此放誕者之言，其畔於聖人之道也遠矣。治水亦然，縱之而就下之性反失，防之而朝宗之勢乃成。此潘川印以隄束水，以水刷沙之說，眞乃自然之理，初非矯揉之論。故曰後之論河者，必當奉之爲金科也。

禹貢所謂九澤者，乃施之於瀦水之澤，非於導川者言也。今導川而祖旣陂之說，毋惑乎人之尙未釋然耳。

川澤雖有異義，古文每多互詞。昔賢引經定案，原不泥近說。況今止論隄防之當與否，不必論人之曾用與否也。昔禹貢無旣陂之文，而今日合修隄防，亦毅然行之；況稽古有徵乎？潘印川云：「禹時之河，經於中州之地甚少，必不若今日之濁，故可分九河以殺其勢。於以知古之流可緩，而今之流斷不可不迅。」此又古今之異勢，難以執一而論也」。

顧禹貢所謂陂者，果與隄防之制有合否耶？

夫陂者坡也，土披下而衺側也。此非陡崖之岸，乃坦坡之隄。後人以騎而可登，謂之曰走馬隄，是卽陂也。考隄防之制，甚必倍廣於頂，則水不能傾之。古聖人之一言，而作隄之法已備，詢言簡易賅也。至於近世隄防之名不一，其去河頗遠，築之以備大漲者曰遙隄；逼河之遊以束河流者，曰縷隄；地當頂衝，慮縷隄有失，而復作一隄於內，以防未然者，曰夾隄；夾隄有不能綿亙，規而附於縷隄之內，形若月之半者，曰月隄；若夾隄與縷隄相比而長，恐縷隄被衝，則流遂長驅於兩隄之間，而不可遏，又築一小隄，橫阻於中者，曰格隄，又曰橫隄。隄防雖多不出數者，其作隄之法，遙隄去河遠，必相地勢因高而聯絡之，其餘隨流以防範焉。取土須遠隄根。築土必旋挑旋夯，若近隄取土，則隄不固，土厚亦夯，則築不堅也。築成驗土，舊法插鐵灌水，水不即滲，便為堅結。然插驗之法，務於連晴之後，其鐵鑯須細，直下直起方合。若寢作弊，鐵粗而遙宕之，則貼鐵之土先實，水亦不即滲，遂被掩飾矣，驗時宜細察也。遙隄之外，離隄取土之地，即令小河，以資運料。縷隄逼流，排樁襯埽，所不可少。若在頂衝險工，尤必用護隄埽也。隄土插柳，可傳捲埽，隄根當草，亦足禦波。隨地制宜，皆不可不喻也。

予言隄防之法詳矣，若異漲之時，何以殺其勢乎？

遙隄去河頗寬，若異漲之時，溢至遙隄，河寬而勢自殺，是雖合流而分亦寓焉矣。所患者，三瀆並漲耳！三瀆者何？黃淮及東漕河也。每年水漲，或黃漲而淮不漲，或淮漲而山東諸水不漲，或淮與山東諸水漲而黃反不漲；抑或有漲於春者，有漲於夏秋者。三瀆不並漲，猶可禦也，惟是一時而三瀆適皆漲焉，其勢遂莫之能禦，若無以預為之地，一經泛溢，其害何可底止。是以遙隄之減水壩斷不可不設也。當其無事，人有議減壩為虛設者，及減水時，人又有議減壩為厲民者，此皆不知全河之事宜，而好為局外之論者也。夫減壩之設，譬如居室，雖不日接賓客，而几席必設，供具必備。偶有賓至，處之泰然。苟几席供具不一設備，一旦賓客闐集，其倚待之勢，必倉皇莫措矣。有遙隄而不預設減壩，萬一三瀆並漲，而徒由少殺其勢，遙隄一潰，尚可救乎？兵可百年不用，不可一日不備。減壩之設何以異是？或曰：「減壩洩水大似以鄰國為壑，殊怪乎謗者之譏厲民也。」不知減壩之水，節制之兵也。所減有準則，不若隄潰之漂溺無算也。審利害者，若均之，有害必就其輕者焉。譬之子弟縱逸，即當裁抑，其受困苦者無幾。若不爲節之，而至踰閑越矩，將放僻侈邪，靡不爲矣。其陷於罪尚可言哉！此養癰之害，所以一潰而莫可救藥也。夫減壩有天然之制，必在異漲之時，方有減下之水。若漲稍退，減即止矣。此出於萬不得已，爲保固全河於異漲之時計，方設是減壩，非若戰國曲防以病鄰國也。且遙隄之外，近有運糧小河，減下之水將從小河洩之，亦略存大禹疏九河之意耳。設有淹及民田之時，不異偶逢澇災，民田低下者乃罹之也。然低地一經黃水所淤，水退而土即墊高，次年必獲倍收，損益亦正相等。要之，設減壩則遙隄可保無虞，保遙隄，則全河可冀永定。減壩與隄防實又相爲維持者也。雖有暫時之害，而實收久安之利，安得謂之厲民也哉！（河防述言隄防第六）

陳氏此論，實爲潘季馴之主張相發明。明清兩代治河，極重隄防之制，而論及隄防之歷史，功能，類別，作法及其守護者，以此篇最爲概括扼要。惟尚有兩點可資研究者，一爲築隄取土之地，宜遠離隄根，因所宜矣。而所挖之坑，應各各隔離，勿使成一長溝，以免冲水成河，浸及隄身。所云「遙隄之外，離隄取土之地，即成小河，以資運料。」固在背河之方，而使土坑成河，亦非所宜。陳氏或專指宿遷七里溝一帶而言也。又植樹所以防風浪，裕埽料也。所云「隄土插柳，可備捲埽，隄根蓄草，亦足禦波。」是植樹於隄上者，今世仍多以此法行之。每見隄坡植樹成蔭，其隄頂寬者，且植之隄頂，若以爲廣地利用，或點綴風景，皆無不可，若以之護隄，實未見其當也。蓋以樹根雖可以繫土，但朽根適足以成穴。沉浸水之處，風搖樹動，而隄土以鬆，若拔樹起穴，更危險矣。多樹之處，動物易生，發現較難，鑿洞穿穴，亦所不免，故隄身不宜植樹，而應植之隄下。雖屢以此戒諸守者，未之能改也。

靳氏論「隄工」之言曰：

賈魯治河有疏、有濬、有塞。潘季馴曰：治河惟有築隄束水，以水刷沙，此外別無奇謀善策。此亦專爲治黃河言耳。若清水淤泥，壅砂之地，冲之不開，刷之不深，安能舍疏濬而專言塞乎？然疏濬之功，十之二三、隄之功，則得十之八九矣，故隄爲要焉。（隄工）

古多以隄治水、防沖，實則隄僅能防溢。其所謂防沖者，殆連同埽壩等工一併言之也。是則與普通之字義異矣，此所應注意者也。靳氏論閘壩涵洞之言曰：

防水之功莫大於隄，然水之消長不時，過障之處其溢也，閘壩以減之。然閘壩之爲費也鉅，非最要弗建也。次之以涵洞，其減之用微矣，然其爲減一也。保隄之道，三者略備。他或平疇繡錯，河運是需，或下土沮洳，停淤成沃，功亦大矣哉！（閘壩涵洞工）

又云：「涵洞之用有三：一減水，二淤窪，三溉田。（閘壩涵侗）涵洞對於減水之功用，亦誠微矣。至論閘壩之又一功能，則爲交濟黄淮，使強者不能獨強，以平其勢，而保兩河也。其言曰：

黄淮二瀆敵也，然黄強之時多，淮強之時少。強則易潰，而河不兩行，可減而不可分。弱則易奪，而泗盱以東淮無他河之會。淮以黄濟淮，而使強者不獨強，則二瀆交得其平，而會同之勢成。此減水閘壩之最爲得也。黄河莫窄於徐州，其寬者莫能過百丈。一遇秋伏大漲，奔騰激蕩，必有沖突他潰之憂。淮水北出清口，每患爲黄河之所抵。淮少弱即不免乘虚而内灌。……乃經營相度，於黄河南岸錫山毛城舖，徐州王家山、十八里屯，睢寧峰山、龍虎山等處，爲減水閘壩共九座。其因山根岡址，鑿爲天然閘者居其七。既以殺黄，且使所過水，各隨地勢，由睢溪口靈芝孟山等湖，以入洪澤而助淮。如遇淮漲而黄消，則淮自足以敵黄，而閘壩亦無可過之水。如遇淮消而黄漲，則九處壩所過之水，分流而並至，即借黄助淮以禦黄，而淮之消者亦漲。儻更遇黄淮俱漲，則彼此之勢略等，有中河以洩黄，周橋六壩以洩淮，亦不至偏強爲害矣。（黄淮交濟）

護隄之法，閘壩而外更有遥隄之禦禦。除此則應植茂草以護隄，栽柳葦茭草以防浪，靳氏亦多同前説。惟於高堰則倡以坦坡消殺風浪衛隄之説：

臣惟淮河之下流既已疏治，則水可升直行而會黄刷沙矣。但臨湖一帶，除現在原沖各決口外，其餘隄無不殘缺單薄，危險堪虞。若竟堵決口，而不先修殘隄，俾極堅固，則水將尋隙地奔放，勢必堵者方堵，而決者又决。豈非徒費錢糧，徒勞民力耶？此幇修隄岸又斷不容緩者也。……再四思維，因見淮湖運河等處板工，易於損壞，即石工之傾圮者亦不可勝數。惟見隄下係坦坦平坡者，則雖遇大水不致冲塌。蓋水性至柔，而乘風則剛。其板石諸工，率皆陡峻，故怒濤撞激，易於崩冲，若遇坦坡，則水之來也，不過平漫而上，其退也，亦不過順縮而下。隄制水而不能抗水，故雖大水乘風，止於隨高逐低，而無怒激之勢。水既無怒激之勢，故自無冲崩之虞，此乃以柔制剛之道，誠理勢所必然者。今欲求費省工堅，惟有幇修坦坡之法，可爲久遠衛淮之策也。其法於隄外近湖之處，挑工幇築坦坡，每隄高一尺，應築坦坡五尺。若高一丈之隄，則坦坡應寬五丈。（經理河工第三疏）

至於守護之法，則近於細節，今舉一例以概之。

守險之法有三：一曰埽，二曰逼水壩，三曰引河，三者之用各有其宜。當風抵溜，其埽必柳七而草三。何也？柳多則重而入底，然無草則又疎而漏。故必骨以柳而肉以草也。禦冰凌之埽必丁頭而無橫。何也？冰堅鋒利，橫下則小擦而靡，大磕必折也。然埽灣之處，則丁頭埽又兜而易冲，必用順埽，魚鱗櫛比而下之，然後可攩溜固隄。至十分危急，搜根刷底，上提而下坐，埽不能禦，則急於上流築逼水壩，回其流而注之對岸，或一二三道。若止一道，恐河流捍烈，壩一摧而隄即不可救也。若開引河，則其費甚巨，又必酌地形而爲之，若正河之身，迤而曲如弓之背，引河之身，經而直如弓之弦，則河流自必舍弓背而趨弓弦，險可立平。若曲折遠近不相懸，河雖開無益也。諸如此者，殆如禦敵然。埽之用是固其城垣者也；壩之用捍之於郊外者也；引河之用撥師至近，開營而延敵者也。（防守險工）

九　疏濬所以濟束水之窮

陳潢之論疏濬也，乃專就堵决時挑挖引河，開廣海口，及疏濬運河三者而言。其言曰：「夫隄防束水，固爲行所無事，設處不得不疏濬者，又必有因勢順導之法，而不以人意參之，庶不悖神禹之道耳。」又曰：「於是土築隄而水自可刷沙，乃以築爲疏，而疏且本於築也。又當知導流（按指堵決時之引河）而堵方可塞決，乃以疏爲築，而築又原於疏也。凡此皆治其所以然之故，而不外乎以水治水而已。至於開廣海口之法，則爲靳氏挑河之所據，錄之如下：

夫海口浩渺，洪波滔天，欲事疏濬，誠難言也。然河挾沙而海潮逆上，安得不墊？傍岸洄溜，尤易停淤。故以今較昔，沙洲出海幾及百里，而海口漸狹，勢使然也。若然不濬，下流必壅，而欲上流不決，烏可得乎？是濬之法亦不可不講也。其法於近海兩岸之內，各開一引河，挑土即培於引河之外，以作縷隄。其受河流處，且緩啓其口，俟河形鑿成，又必當河漲之時，方啓其口，引黃分注於其中，以趨於海。初似析河而三，再將中隔之沙堵，鴛犂疏之，其沙必隨波漸削，久之合三而一，則海口遂開廣矣。此非全用人力，而半藉水力以成之者也。若曰海口竟不可施工，印川之說，不無漏議焉！

靳氏挑清江浦以下歷雲梯關至海口，挑濬清口，及挑濬運河之說如下：

竊見今日治河之最先者，無過於挑清江浦以下，歷雲梯關至海口一帶河身之土，以築兩岸之隄也。（按清河縣至海口約三百里）查清江浦以下，河身原闊一二里至四五里者，今則止寬一二十丈。原深二三丈至五六丈者，今則止深數尺。當日之大流寬河，今皆淤成陸地，已經十年矣。……今臣擬河身兩旁近水之處，離水三丈，下鍬掘土，各排引河一道，面闊八丈，底闊二丈，深一丈二尺，以待黃淮之下注。蓋黃注下注之時，中央既有一二十丈舊有之河，左右又各有八丈新鑿之河，其所存兩旁之地，屬堅土，而薄僅三丈，一經三面之夾攻，順流之沖洗，不待多時，即可盡行刷去，將舊有並新鑿之河，俱合而爲一矣。（經理河工第一疏）

查洪澤湖下流，自高家堰以西，至清口，約長二十里，原係汪洋巨浸，爲全淮會黃之所。自淮流東決，黃水內灌之後，將此一帶湖身，漸漸淤成平陸。向之汪洋巨浸，今止存寬十餘丈，深五六尺至一二丈不等之小河一道矣。……惟有仿照挑濬清江浦以下河身之意，於小河兩旁，離水二十丈之地，各挑引水河一道，俾分頭衝洗，庶可漸漸刷開。至於挑清江浦引水河，控止擬離河身三丈，而此處議離河身二十丈者，蓋清江浦以下係十年久淤之堅土，而此乃三年以內之新淤也。（經理河工第二疏）

惟築防塞決，疏引黃淮使復故道，合流入海專宜，如果一一興辦，則閉通濟閘壩，深挑運河，盡堵清水潭等各決口，以通漕艘，誠爲今日至要之務，所當次第修舉者也。查運河自清口至清水潭共約長二百三十里，通計四萬一千四百丈。因黃水內灌，將河底淤墊甚高。居民多患沉溺，運艘每苦阻梗，今必須將河身大爲挑濬，決口盡行堵塞，庶運道可通行，民生可免昏墊。（經理河工第五疏）

按所論各段河道之亟待疏濬者，皆以順治十年之後決口漫溢不治，水系紊亂，河身淤澱所致。實係變局，非經常也。且爲局部，非全河也。故靳氏所行之策不得以經常疏濬全河者視之。蓋欲以人工經常爲之，必致費鉅，而成效難著也。惟靳氏經理河工第八疏中，有濬船之議，其雲梯至海口一段，「每隄二里半建一墩，令兵十五名居於墩側，每墩給濬船一隻，各繫鐵掃帚二個於船尾，繫繩以五丈爲度，每月之初一、十一、二十一日，兩岸墩兵，各乘濬船，或布帆，或鼓棹，或纜牽，下鐵掃帚於水底，溯流刷沙，往來上下，必令五丈之繫繩不能到底，而懸鐵掃帚於水中方止。」墩之距離，濬之深度，段各不同，直至徐州，約八百里。清口至邵伯鎮南，約長三百三十里，以如之。此法若行之他河，或能有效，但非可言於黃河也。

十　集工力備料物

陳潢曰：「謀事者人心也，赴工者人力也，積蓄者貲財也，濟用者物料也。夫謀慮未精，不足以成事，然徒謀而人力不集，則託之空言矣。貲財不貯，不足以圖功，然聚財而物料不備，則緩急亦無濟矣。故欲籌河防則工力與料物不得不熟計之也。」靳輔曰：「考古塞河之役，動發卒數十萬。今則不然，近河州縣，有歲修額設之夫。若別有大工興舉，又隨時召募，有司董之，義民率之，功竣罷去。以較古發卒爲使，令之力役，豈尚有未善乎？」陳氏曰：

修舉𢌿常，屆期調發，恐有後時之慮。州縣額夫既有定數，何不如丁銀徵科，解銀河庫，不時雇募，以免民夫起解，及在工守候之苦，尤爲公私兩便也。至河流頂衝險要之處，其巡守之夫，無間晝夜，無分晴雨，皆須查視，方可不時搶救，向設有守隄夫役，慮無節制，惰弛不免也。潢思河工原比於軍法，請即以軍法行之。凡給食赴工之夫，盡募爲支餉守汛之卒，設千把等官統之，以弁領兵，以大轄小，一如身之輿臂，臂之輿指。如此則節制既有責成，而防禦庶無疎虞矣。所慮者，一法立，百弊生。每見營卒多開虛糧，武弁役使無間，而練習缺然矣。河兵流弊，恐一如之。若設則私役，缺則虛冒，不幾名存實亡乎？所宜預立嚴禁，勤爲查點，以杜弊端。然此所設之卒爲防守搶救之計也。若夫鑿渠築隄，起建大工，非募夫不辦，其法非可計士以論也。惟制府定其地界，酌其高深，量其尋尺，凡或築或鑿，皆以土方科之。命監司按則估計，以定經費之若干。然後監埋有官，分修有官，畫界派工，領費募夫，以從事焉。至於募夫，渙而無稽者也。必慎擇義民以統率之。義民亦計土方取值於官，自復計工散值於夫，其帑之不致於虧空，工之必期於合法，全視乎義民之得人與否。此在司事慎重擇之也。胼胝畚鍤，晴霽可作，時際陰雨，則相聚而食，其晴時所餘之貲，不足償雨時坐噉之費。役夫乏食，恐致渙散。則土方之外，當量益以陰雨之食給。此又不可不預計者也。夫搶救防守，若設卒有定制，疏塞興作，又量役以募夫，較之古之撥發，誠爲無擾，而易集事也。惟是精於釐弊，善於奉行，則不在治法，而在治人矣。

儲料濟用，欲有利無弊，又當若之何？

埽柳葦蔾，近河頗饒，須及時採，運貯於各險。至樁木來自江浙，甃石採於南湖諸山，而灰磚釘鐵，悉事陶鎔。其間若因公擾民，尅價肥私，物既不能符式，料半屬於虛糜，其弊正不可以枚舉矣。袪弊之法所當勤其稽覈，信其懲究，則弊方不至太甚也。而其要尤在預爲儲備，不使緩急無藉，此爲肯綮之至論也。（中略）至於運載物料，皆係木石柴草蠢重之物，非借水力船隻，何能搬運致遠。向來修築，及伏秋搶救，俱封拏商旅行舟。夫封拏客舟，其爲害民自不必說，且倉卒之際急欲拏舟，商賈聞風遠避，往往有料無舟。以致徧手莫救，小災遂成大災矣。是宜疏請將河卒建曠銀內勵支，特造運柳船隻四五百號，分隸八河廳營，分撥兵目爲之催儹駕運，永著爲令。則緩急運料有濟，不致貽誤險工。是舉舟之害民，可以杜其弊，此更有利公私，急須行之者也。（河防述言工料第八）

竊嘗論之：防河之事，惟工料之鳩集貯備最爲不易。考明時經常防守之工，每里約計六至十八。洎乎濟末，則不及一人矣。是固有如所謂缺額虛冒者，然日久生懈，帑銀日削，亦大因也。防河可比諸經營旅舍。設旅舍有房間百餘，則必備足額之工役照管之，清理之，修葺之，無時或缺，方能維持其清潔秩序，供應之周到無誤。然若經常僅有客人十餘位，估房十餘間，欲維持全部房間之清潔與秩序，保持全體工役之勤奮與嚴肅，戛乎難矣。設欲裁減名額典質房屋，而百十貴賓，輒不時至，將何以支應？故工役必足額，房間必修整，如士兵之臨敵，準備隨時應戰者。是則經費必充裕，訓練必勤嚴也。河槽房間也，守兵工役也。經常客人，普通水流也。百十貴賓，猛漲暴洪也。兵多而乏訓練，則委靡懶散，工作效微。議者見其閒散也，不思改善之策，動欲削減之。築隄而少修護，則漏洞叢生，議者見其無用也，不思防守之道，輒謀廢除之。此豈兵多隄築之過哉！或曰修守之兵，仍其數額，伏秋之季，臨時增補如何？曰：大汛之時，無論守兵之多寡，必賴民夫之協助，固無論矣。而守兵與民夫之訓練不同，技能各異，職責不同，調度有差。事之成敗，守兵有直接功過，事之進退，守兵能苛遵指揮。是一國之中，雖行徵兵之制，而必有常備之軍也。故守兵數額必不可少。至於臨時興修，募夫舉辦，其說誠善。然沿河居民仍應施以防水之訓練，蓋以搶救險工，救濟潰決，以及備不時之需者，端賴發動民衆，而收衆志成城之效也。至於物料須早備，已詳於潘季馴之論矣。惟冬春購貯，伏秋應用則應詳籌辦法，切實遵守。此不特可收未雨綢繆之效，且冬季價廉，而急用之時，卽有抬高之虞。故臨時採購，亦非經濟之道也。至於物料之經理，多由主管河工者直接之，於是採買、存儲、看守、使用、報銷、皆由一人掌之，自難稽覈。欲少生弊端，則理事之手續，誠不可不備也。

靳輔納潢之議，於經常之修守，則設河兵八營，臨時之興建，則募民夫辦理。至於挑濬清江浦以下河道，因爲臨時之工，則欲招募鄰封十一萬人與之。事經廷議否決，以遠派各省，恐不肖官役借端擾民，請敕靳氏酌量設法就近募夫，然亦可見其籌劃之梗概矣。

舊制治河隄岸，額設河夫，以供修防之役，然有司按籍簽點，必假手于胥吏而及之鄉長里甲，大都冒張虛數，臨時倩應老弱，故名存實亡，而功以墮也。今改設河兵八營，營領以守備，遞爲千把總，一以軍政部署之令。其亡故除補有報，逐日力作有程。各晝疆而守，計工而作，視其勤惰而賞罰行焉！有事則東西併力，彼此相援，無事則索綯藝柳，巡視獾狐鼠穴。較額夫舊制有條而不紊，有實而可覈矣。（設立河營）

但河工告成而不立法以期久遠，恐數年之後姦弊滋生，難保其不損壞也。臣到任以來，細加體訪，知保全河道之策，全在能盡人力，而不可委之天數。至於隄岸衝決之由，則官民夫役均有罪焉！……再四籌維，欲圖將來久遠之計，莫妙於多設專心保全河道之人。則設兵以守，而立勸懲之法，使之知利之當趨，害之當避，誠爲不易之策也。……臣愚以爲今既大費財力，高築堅隄，必須按里設兵，使之住於隄上，逐日看守，并將疏濬修葺事宜，一一切責成之。外河自雲梯關而下至於海口，爲河朝宗要道，每隄一里，必須設兵六名。每兵一名，管隄三十丈。隄根栽柳務活，隄旁蓄草務茂。隄內乘暇添土，逐漸幫寬。每二里半建一墩，令兵十五名居於墩側。每墩給濬船一隻，……共設兵一千二百名，守備一員，千總二員，把總四員。自雲梯關而上，南岸至清口，北岸至清河縣，……應共設兵一千二百名，守備一員，千總二員，把總四員。……以上六營，共設兵五千八百六十名。俱設步兵，而無庸設馬。……如各弁兵所管地方，隄坡堅實，日漸幫寬，並無浪窩殘缺之處，柳密草茂，外河之水，果深五丈，四丈，及三丈五尺不等，內河坦坡之外，茭葦荷蒲盛長。如是三年無異，將該管守兵拔爲戰兵，戰兵拔爲把總，把總拔爲千總，千總拔爲守備，有缺即題陞，無缺則報部，照伊應陞之缺，遇缺即陞。如各弁兵所管地方，隄坡不堅，……兵責四十板，枷號一月，穿耳徧遊示衆，仍革去糧餉，另行選補。千把總革職，守備降二級調用。若如弁兵該管地方因循闒茸，以致衝決隄岸者，官革職拏問，兵從重處死。以上俱責成總河臣親往確驗，並不時委官差人，嚴查密察，務使各弁兵，

人人警畏，不敢稍弛。（經理河工第八疏）

昔人四防二守之制皆以保隄也。然使歲修無法，則塌圮相尋，與無防無守同。今營兵之設，僅足以巡查隄防，及運料下椿捲埽栽柳之用。至於歲修加築，其勢有不能者。何也？汛遠而隄長也。計自碭山以下，黃運兩岸，及歸仁高堰至海口一帶，縷遙月格等隄，統共四十五萬四千丈。而河兵僅七千二百名。計丈分修，每兵當歲修六十六丈有奇。……是每兵常役之外，又當歲挑築下土一百四十五方二分也，豈能也哉！目前以河兵不足供歲修，擬令每兵許其召募幫丁四名，或其子弟家屬，每丁給以隄內空地，俾耕種其中以自食，而課其歲修。已題請，未及奉行。……（歲修永計）

……需用人夫，共計二千四百七十餘萬工，應限二百日完工，計每日需夫十二萬三千七百餘名。念淮揚附近民人，尚須供臣挑濬幫隄堵決等各工之用，斷不能更有許多夫前來應募。臣查康熙九年，前河臣羅多與修黃河各工，除調用各處泉淺等夫，曾經令山東江南鄰郡地方協募赴工在案。今此工之大，數倍於前，不得不循例而行。臣擬令江南之鳳陽府屬募夫一萬五千名；江寧府屬募夫一萬名；蘇常二府屬各募夫八千名；正泰二府屬各募夫四千名，徐州並屬募夫五千名；滁和二州並屬各募夫二千名；山東兗州府屬募夫一萬四千名；濟南府屬募夫九千名；東昌青州二府屬各募夫五千名；河南開封府屬募夫一萬三千名；歸德府屬募夫八千名；尚少夫一萬一千七百餘名，聽於淮屬之邳、河、睢、宿、贛，沭六州縣地方召募。……（經理河工第一疏）

十一　理法不變人事無恆

陳氏言治河不可泥成說，蓋以河勢有變遷，規劃必不同也。而理與法則千古不易。其言曰：「治河之理千百世不易，豈有明季至今而異也。惟是水之形勢與世推移，而險要遂異，流行亦殊，則規畫因不同耳！蓋要言水性本動，而黃河為尤甚。其變更遷徙，原是無常，固難刻劃古人成跡而治之也。惟是可信者理，所守者法。有事則順理以調劑之俾彌其害。無事則守法以護防之俾安其常。一日如是，千百年亦如是。卽河有因革，而理與法安有因革哉！」（河防述言因革第九）

陳氏論河之常治久安也不難，而人事之不能有恆，所以難也。其言曰：「防河者果能察變慮遠，杜漸防微，一人理之，千百人一其心以行之，一時定之，千百年遵其法以守之。少有沖刷卽捲埽以護之，少有滲漏卽退築以阻之，少有淤墊卽束波以滌之，少有泛濫卽疏減以洩之。時時防閑，在在檢飭，自可消大患為小患，彌小患為無患，欲期久安長治也何有？無如人事之不能有恆，乃勢使然也。或始勤終怠，或顧此失彼，或遷官罷去，或病疾死亡，自一官而論，已不能必其有恆矣。再者人懷殊心，各立異論，或勤惰不同，或公私各別，或習安而忘危，或喜新而厭舊。種種無恆，河患隨作。則自衆人而論，更不能必其有恆矣。人且無恆心，而欲河之恆治也，不綦難哉！」（河防述言善守第十）

十二　贅言

陳潢以一布衣而留心經濟，竟能佐靳輔成治河之大業，人傑也哉！然以題壁一詩，而逢伯樂，賢主嘉賓，相輔為治，遇亦巧矣！而靳輔一任十年，當季馴四起之數，則其際會之隆，又輔之幸也。

陳氏治河之言，可謂造其時之極峯。本其意而演繹之，充以科學之資料，參以現代之需求，卽可成為今日之治河計劃。讀本文竟，自當[illegible]不佞之褒潢，非炫奇之論矣！

第七章　李儀祉

一　傳略

李先生名協，字宜之，後改儀祉卽以字行。清光緒八年壬午（西曆紀元一八八二年），生於陝西蒲城縣。伯父仲特，父桐軒，皆關中名儒。九歲（光緒十六年）從學劉時軒先生。十七歲以冠軍擢歲試，學使拔入崇實學院及宏道高等學堂。二十二歲以實學各科原來自歐美，不屑事舉子業，乃考入京師大學堂，二十六歲預科畢業。

民國紀元前三年（宣統元年西曆紀元一九〇九年）由西潼鐵路局派赴德國留學，入柏林工業大學攻鐵路及水利二科。後與郭希仁遍遊歐洲。以繼承鄭白事，復興關中水利爲志。返德復學乃專攻水利一門。民國元年（西曆紀元一九一二年）回國參加革命工作。二年返德入丹澤工業大學以竟其業。三十二歲返國。

四年春，南通張季直先生創辦河海工程專門學校於南京，聘爲教授，初習英文，不期年而能閱讀，越數年，且能作長文，課餘對於中外治河之書，莫不窮搜博覽。復隻身勘查淮黃及白河各域，歷時半載，收穫豐。

十一年任陝西水利局局長兼渭北水利工程局總工程師，籌劃引涇灌田之事。

十二年兼任陝西省教育廳廳長。

十三年兼任西北大學校長。冬，渭北水利工程設計完竣。

十四年冬赴平津京滬等處籌措引涇工款，及擴充西北大學經費。因事變未能返。

十五年任北京大學教授。秋，回河海工科大學講學。冬，回陝，當道委任陝西省建設廳廳長，堅辭不就，允任水利局局長。

十六年任南京第四中山大學教授，改就四川重慶市政府工程師，修築成渝公路。

十七年北伐成功，秋，任華北水利委員會主席，籌劃白河黃河水利事宜。

十八年春，兼任北方大港籌備處主任。夏，改任導淮委員會委員兼工務處處長及總工程師，並兼任浙江省建設廳工程顧問，設計杭州灣新式海塘。

十九年冬，任陝西省政府委員兼建設廳廳長，進行引涇及關中各項建設。

二十年兼任國民政府救濟水災委員會委員兼總工程師，主辦江河復隄工程。時中國水利工程學會組織成立，被選爲會長，連任以迄逝世。

二十一年夏，涇惠渠第一期工程完工，辭陝西省建設廳廳長，專任水利局局長。創立陝西水利專修班，後改爲國立西北農林專科學校水利組。秋，大病。

二十二年五月任黃河水利委員會委員長，即籌備成立。時病初愈。八月黃河決口。扶病赴南京，招開黃河水災救濟會。九月一日黃河水利委員會正式成立，自兼總工程師。

二十三年春，洛惠渠興工。秋，視察黃河上游。

二十四年春，渭惠渠興工，兼任全國經濟委員會水利委員會常務委員。夏，涇惠渠第二期工程完成，並奉命培修金隄。秋，辭黃河水利委員會委員長職，專任陝西水利局局長。

二十五年，兼任揚子江水利委員會顧問。冬，渭惠渠第一期工程完竣。

二十六年春，查勘揚子江中上游，並赴江蘇調查導淮入海工程。秋，參與廬山談話會，被聘爲國立中央研究院評議會議員。冬，渭惠渠第二期工程完竣。除夕，赴興平召集渭惠渠同人敘餐，及返西安，似感傷風症。

二十七年（西曆紀元一九三八年）五十六歲，一月四日，抱病赴郿縣參加渭惠渠欄河大壩南土壩合龍工程。歸，病益加重。臥牀數日，得告痊癒。二月十九日，忽得腹病，痛苦劇烈，遍體流汗，四肢發冷，大便不通，飲食不進，氣逆失眠。延醫診治，病未減輕。初斷爲胃瘤，繼認爲急性胃炎。經輸血注射，皆無效，三月八日正午逝世。

三月十一日先生靈柩移涇陽社樹邊，民衆遠道奠祭者五千人。涇惠渠兩儀閘旁之墳墓工程，因民衆爭運沙石，兩日而成，隨於十五日安葬。三月二十八日國民政府特令褒揚，文曰：

「陝西水利局局長前黃河水利委員會委員長李儀祉，器深純，精研水利。早歲倡辦河海工程學校，成材甚衆，近年於開渠濬河導淮治運等工事，尤瘁心力，績效懋著。方期益展所長，蔚成國家建設大計，永資倚畀，遽聞溘逝，悼惜良深！李儀祉應予特令褒揚，着行政院轉飭陝西省政府舉行公葬，考試院轉銓敍部從優議卹，並將生平事蹟，存備宣付史館，以彰遺學，而資矜式。此令。」

先生天性純厚，德器深宏，學術湛精，見識超卓。生於關中，長於清季，求學於水利倡盛之國，服務於人水爭長之鄉。飽受憂患之激刺，一本胞與之懷抱；選其業，堅其志，持以終身。故治事爲學，刻苦自勵，掌教執政，端爲利他。發表之言論，咸若金科玉律，倡辦之事業，皆爲福國利民。而於治理黃河方策之闡發，尤有劃時代之供獻，開治河之紀元。本篇乃據先生遺著，編述而成，然譾陋如不佞者，當未能盡先生偉論之萬一也。

二 清季改道後河流概況

黃河於清咸豐五年（西曆紀元一八五五年）決於蘭封之銅瓦廂，時值軍興，不能遽興大工，僅勸民築埝，切灘，堵截支河，爲暫救目前之計。繼復有新道故道之爭，朝政不決，工程未興，遷延二十年，至光緒元年（西曆紀元一八七五年），菏澤賈莊大工堵築合龍，四月，復築南岸長隄，冀魯兩境共長一百四十餘公里，至濮張境。又於北岸培修金隄以爲屏藩。全流始循新道。

河出孟津，經孟縣、温縣南境，鞏縣北境，右納洛河。更東經汜水、廣武北境，武陟南境，左納沁河，穿平漢鐵路，經鄭縣北境，原武、陽武南境，中牟北境，東經開封城北之劉園口，陳留北之曲興集，折而北入蘭封縣境。下循濟水故道（卽大淸河），北流入河北省之長垣，經馬寨、竹林村，東北入東明。經東明，濮陽及山東省之菏澤、濮縣交界，入山東境。出濮縣經范縣、壽張，陽穀南境，鄆城東平北境，穿運河入東阿境。經平陰，肥城、長淸、齊河、而至歷城（濟南），穿津浦鐵路，繼續東北流，經濟陽南境，章邱、齊東、靑城北境，惠民南境，經濱縣、蒲台、利津以入海。平漢鐵橋至海口水程七二五公里。

河之南北，除濟南以西之南岸一段外，皆有隄防。南大隄起自平漢橋東，苦河口右岸，經鄭縣、中牟、開封、陳留、蘭封、考城、東明、菏澤、濮縣、鄆城、壽張，（壽張十里鋪以東經東平、東阿、平陰、肥城、長淸、至齊河之宋家橋無隄，間有民埝。）齊河、歷城、（濟南）章邱、齊東、靑城、濱縣、蒲台等縣境，至利津之寧海鎭止，共長五七〇公里。北大隄起於孟縣西南之曹坡村，經温縣、武陟、廣武、原武、陽武、封邱、開封、蘭封、（自蘭封西壩頭至長垣大車集間無大隄）長垣、滑縣、濮陽、濮縣、范縣、壽張、陽穀、東阿、平陰、肥城、長淸、齊河、歷城、濟陽、惠民、濱縣等縣境，至利津之鹽窩止，共長六八〇公里。至若民埝，格隄，月隄，隨處多有。山東隄系，更爲複雜，蓋以改道之初，率由人民築埝自守，無統籌之計劃也。河自入魯境起，南岸至壽張十里鋪，北岸至壽張西影塘，皆有連續之民埝，高大幾無異於大隄也。兩岸大隄間亦相距不等。在豫省者較寬，入魯而狹，（此僅就魯民埝言）歷城以東者益狹。如廣武、中牟一帶，隄距乃至二十二公里，長垣、考城一帶亦相若，至范縣、鄆城間，僅距七公里，（大隄相距三十六公里）至歷城，大隄相距一公里，章邱之胡家岸尚不及一公里，蒲台、利津一帶，則在一公里半，與二公里之間。

下游河水之面，皆高於隄外背河之地，洪水時約高出三公里至七公尺不等。距隄愈遠，地位愈下。平均言之，地面自隄向外，成五千分之比降。故河身卽變爲河北水系及淮河之分水脊也。

河之比降，在平漢鐵橋與濮縣間者爲〇•〇〇〇一六〇，濮縣至十里鋪間者爲〇•〇〇〇一三五，十里鋪海口間者爲〇•〇〇〇一一〇。

改道之後，以迄清末，五十餘年間，決口凡五十餘處。光緒四年以前，凡有潰決，多在冀魯之交，或在豫窘。其後以迄民國初年，除光緒十三年鄭州決口，二十一年壽張高家廟漫溢，宣統元年濮縣馬劉家，及二年孟店決口外，皆在齊河以東。民國以來，河決情形如次：

民國三年曆六月，濮陽北岸決口，至四年五月合龍。

民國六年曆六月，長垣南岸范莊決口，九月合龍。

民國十年曆七月，長垣南岸皇姑廟決口，至九月合龍。又七月利津宮家壩決口，十二年五月堵口。

民國十三年曆七月，長垣南岸郭家莊漫口，至十月合龍。

民國十四年曆六月，濮陽南岸李升屯決口，次年三月合龍。

民國十五年曆七月，東明南岸劉莊決口，八月合龍。

民國十七年二月，利津棘子劉決口。

民國十八年正月，利津扈家灘決口，七月，東明南岸黃莊漫口。

民國二十二年八月十二日，溫縣北岸，蘭封南岸三義寨，考城南岸四明堂，長垣南岸二分莊，北岸石頭莊等五處決五十口。次年三月堵復。

民國二十三年八月十二日，長垣北岸九股路一帶潰決，次年五月封邱之貫台口門堵復。

民國二十四年七月十日，濮縣（其時屬鄄城）南岸董莊決口，次年三月堵復。

民國二十六年（西曆紀元一九三七年）八月三十日 蒲台南岸正覺寺決口，由山東省政府督飭駐工留守人員調集民衆，於二十八年春堵復。

民國二十七年（西曆紀元一九三八年）六月九日，鄭州南岸花園口潰決。迄未堵復。

以上僅就黃河下游六次改道後之約略情况述之。上中游之河槽形勢變化較少，故從略。

三　以科學方法治河

黃河之患，自古爲烈。歷代治河名臣，史不絕書，整理方策，汗牛充棟，清李客卿，屢陳建議。然以科學方法言治河者，則自先生始。

先生對於以科學方法治河之信仰甚深。民國初年發表其第一篇有系統之討論治河文字，「黃河之根本治法商榷」中，即鄭重聲述：

昔者歐洲治河，與吾國同，未嘗有科學之研究，與有條理之治導，故未能盡得河之益，而祛其害。中世紀意大利科學名哲輩出，於發明物理外，兼留意於河道之改良，故波河之隄防，始得有秩紀之建設，爲法英德奧荷蘭諸國遺範。近世科學愈闡。而治河之術亦愈精，……中歐各國幾無不治之河，航運之外，兼利及農工等業。噫天然河道之非盡可恃，而人爲之有效如是。（一）

但人非萬能，科學亦[illegible]，[illegible]以科學方法治河[illegible]依據[illegible]：

今之歐美治河者，大抵[illegible]自然之[illegible]，[illegible]從科學[illegible]以統馭一切，惟水亦然。指之東則東，指之西則西。乃施之實際，而無不失敗。於是繼之者乃知人之才力究屬有限，而人定勝天爲弗可能之事也。然所謂自然之論，非捨棄科學，乃正需科學以闡明自然，因乎自然以改良水道。所謂自然者無他，即孟子所謂水之道，而今人所謂水性也。因自然以治水，所謂由水之道，而禹之所以稱行所無事也。科學之研究愈切，則因乎自然者愈多，而愈能行無事矣。杞柳棺棬科學者也，削足納履非科學者也。（[illegible]）

因之以科學從事治河，應有其一定之步驟：

8以科學從[illegible]，[illegible]河域中部整形勢，氣候變遷，流量增減，沙淤推徙之狀況，床址遷削之原因；二在詳審計劃，如何而可以因自然以濟之人力代價，求河道之有益人生，而免受其災害。皆

在科學未闢時代，治水者亦同此目的，然而測驗之術未精、治導之原理未明，是以耗多而功鮮，幸成而卒敗，是其所以異也。（一）

是故欲求治河，必先求知，因之深感資料之不足：

黃河水文之研究，惟濼口與陝州兩站具有稍久之記載。以如此不規則之河道，僅恃兩站以研究之，是猶操豚蹄而祝滿篝，何濟於事？（二）

故主張應有嚴密之水文測驗及水工試驗，以研究泥沙沿河沉澱之狀，與夫何以不能長維洪水闢後深廣河身之原因。（三）提倡測量全河，（四）研究土壤泥沙，（五）（六）建議於黃河流域設立一等測候所。（七）

先生治河，不務空談，不尊近功。嘗語不佞曰：研究設計工作，約於五年之後，乃可完竣，根本治導，當可創始，期十年小成，三十年大成。志何壯，而見何遠也！

根本治導，自非旦夕所可成功，僥倖所可幸致。爲今之計，須先維持河防，使十年之內，不致爲災，一面探討全河形勢及水文，以爲治本計劃。（二）

是先生並非專注根本之治導，而忽目前之問題。希望一方維持現在局面，使河不改道，一方用極大力量，去做治水之事。（八）

水工試驗爲近代治河學術上之一大進步。蓋以治水所含之因素至夥，變化多端，每有非人所能控制者。研究上稍涉忽略，即難免遭失敗之虞。先生提倡觀測地形水文氣象及研究土壤外，於此尤爲注意：

近代水工規模之大者，多先之以試驗。治河亦然。其法先依天然河床流勢，以及其挾帶泥沙之輕重，依例設比以爲模型。治導規劃亦按此例設施其間，而以觀其效用之若何及河流變更之情態。於是有所得，則以爲實施治導之標準。數十年來試驗之效，彰彰大著，於是水工試驗場之設遍及全歐，不下數十處。斐禮門遊歐遍訪之，嘗爲之記，而倡其用於美國。而試驗場之鼻祖，則特萊斯丹教授恩格爾氏是也。（九）

又說：

現在科學怎樣發達，却是治河的工事，可以講仍然是幼稚。河道是有伸縮性的，有演變性的。河道在地面的流通，比如人身上的血脈。我們對於河道的研究，遠不如生理學家，病理學家對於血管之研究。自從恩格爾斯提倡用模型試驗以來，歐洲的學者，對於行水研究，可算是有相當的進步了。……

我們的力量薄弱得很。由許多機關，合力在天津設立第一水工試驗所，正在建築中。專為黃河計，最好在平漢路黃河鐵橋北岸廟工地方，設一大規模試驗場。可以仿照恩格爾斯在 Obernach 所設的試驗場辦理。廟工屬武陟縣境，距黃河北岸車站十里，房屋偉大，可以利用作辦公廳。黃河之水或沁河之水都可以引作露天試驗。此外對於黃河的泥沙的研究，黃土的研究，都可設在裏面。若干年後，或者我們對於黃河認識得更清楚而能治導得法。（十）

關於研究及試驗諸端，更有以下之建議：

甲、在濟南設一大規模水工試驗場，以作各項治河工程之實驗。

乙、於濟南及開封上下擇一河段作天然實驗。

丙、設黃河圖書館。

丁、設黃河地質研究所。

戊、於山陝縣城內作積淤之天然實驗。（十一）

先生治河，主張上下游並重，清除昔日僅事下游之成見，另闢從事整治之途徑。此等見解，亦於早年昭示吾人：

今後之言治河者，不僅當注意於孟津、天津、淮陰三角形之內，而當移其目光於上游，是則予此篇最注重也。（十二）

此等主張，實為先生研究河患來源之結論。

誠以導治黃河，在下游無良策。數十年以來，但注重下游而漠視上游，毫無結果。故懲前毖後，望吾會

是後研究黃河知所擇也。(十二)

蓋則洪水之源，源於中上游，泥沙之源，源於中上游。(四)

若能上下游兼籌並顧，則可使天下之人，治天下之水，亦即先生理想中治河之景況：

大雨之時，農民須要戴上草笠，穿上簑衣巡查地畔。溝洫若有冲決，立時培補。這所以天下之人治天下之水是也。(十四)

是等景象，以天下之人治天下之水，而水患不去，水利不興者，未之有也。

四　確定治河目的

黃河爲上古運輸之幹線，禹貢載之綦詳。其後治河之目的，則專爲防災。及明建都燕京，水運以運河爲主，故治河須兼及防止亂運。然時代變遷，環境轉換，處今日而言治河之目的，將若何乎？先生亦有明確之指示：

要講治河，先要決定治河之目的何在。有了目的，然後可以對着目的下工夫。試問我們對於黃河之目的何在？以前的治河目的，可以講完全是防洪水之患而已。此後的目的，當然仍以防洪爲第一，整理航道爲第二。至於其他諸事，如引水灌溉，放淤，水電等事，只可作爲旁枝之事，可爲者爲之，不能列入治河之主要目的。(十一)

先生對治河目的，更詳論之如次：

今欲治河，其目的焉在，敢爲之懸擬曰：

甲、維持黃河現有入海之道，使不遷徙。

乙、鞏固隄防，使不致潰決漫溢爲害人民。

此歷來河防之所固守也。進一步言之，則又曰：

丙、使河槽刷深，河防益固。

丁、使海口通暢，排洪順利。

戊、使河床整壹，帆檣無阻。

此歷來河工之所志而未能達者也。更進一步言之，則又曰：

己、使洪水之來量有節制，險工不生。

庚、使泥沙之來量大汰減，河床不淤。

此歷來言治河者見有所及而行有所未逮者也。更進一步言之，則又曰：

辛、使黃河遠達腹地，上以連貫其著要支流，下以錯綜乎淮運，使成一良好之航道。

此歷來之所未敢言，而以爲過奢之望者也。然使循序而進，定策而行，河不徙矣，岸不圮矣，槽深而床壹，水恆而沙少，則以黃河源遠流長，何遂無成爲優良航道之望，是則在人爲之也。況乎時至今日，科學猛進，遠非昔比。今日之治河，固不能仍自囿於漢、元、明、清之世，而僅以王、賈、潘、靳之功自限也。亦不宜神視禹功，以爲後人所不能及也。用古人之經驗，本科學之新識，加以實地之考察，精確之研究，詳審之試驗，多數之智力，偉大之機械，則又何目的之所不能達。（十二）

先生之眼光遠大，志趣高超，勇毅向前，信仰堅定，若非對於黃河有深切之認識，學術有精深之修養，焉能見此。

五　近年河工之缺點

先生指示治河之方法，多就改進之道，及整理之策言之，鮮論時弊。然對於現狀之不能滿意，亦實爲努力改進之所本。即吾國治河數千年來所依據之河防，缺點亦多，現在的河防情形，實在是不能滿意。不能滿意的事實如下：

一、每年河防費三省濮擔任到近百萬元，是否有一比較完善的辦法可以減少此浪費？

二、河防雖然花了許多錢，而差不多每隔一年或二年仍免不了出險一次或多次。摧毀的人民財產輒在數百萬至數千萬元。

三、河床歷年加高，說不定什麼時候就有改道之虞，其禍害更不可勝言。

四、歷來河防，專重下游。上游中游的河害，如綏遠，如秦晉，亦自不少，懷人靡及。

以此看來，我們專對於河防，亦要改弦更張。（十）

河防即隄工，雖為昔日治河之惟一方法，但實難完成治河之使命，況其法尚未達善美之境歟？對於人事亦有不滿意處：

自清季及今，黃河下游三省分治，各自為風氣。積習相沿，春修夏防，委之各汛。而各汛段長大抵由河兵陞遷，不識之無。任局長者，或出身軍界，有幹事之才，而乏專門之識。或出自學校，有專門之識，而少治事之才，皆未能盡其職責也。以言防守，則河兵久失訓練，以言工事，則不惟日新法理不事研求，即古人良法美意，亦淪失爭盡。蓋或以不識字而不能讀書，或雖通中西文而不肯讀書，於是所謂河工者，只是河兵所手習日玩之成法。隄則築之而已，其質其式，能捍禦洪水與否不之問也。埽則鑲之而已，其效其能，能抵禦溜衝與否，不之究也。加以河兵減縮，不敷分配，險則趨之，平則忽之，於是鼠穴千百而不之察，車馬踐毀而莫之問。一旦崩潰，則委之於天時，人力之所不及防，而小民苦矣。（十五）

對於治水之方針，亦有指摘：

沿河奸民但知與水爭地，民埝畢築以護其私產，耕種收穫豐於他地而不納糧賦，或年年報災，及洪水降臨險象迫至，亦惟區區一部份利益是保，而置大局於不顧。地方官吏，對於民埝平時既縱其增築，一旦禍至，亦惟知其地方人民是障，似竟忘決口下游關係數十郡縣之鉅。今年鄄城決口之處，洪水河面寬不及百

丈，不令河決，將置河身於何地。（十五）

然歷來施於河之治功多矣，迄無成效者何耶？蓋隄無學理之研究，守護無完善之方法，官弁無奉公之才德耳。苟欲根本圖治，（一）實事科學的研究，（二）當改變其河務組織，洗清積弊，力謀更新始可。（十六）

黃河之利害關係如是其鉅，而不能使其脫離地方性，則勢必省與省相逆，縣與縣相逆，如是尚能言治河乎。（十七）

六　治河宜先治淤

防禦黃河災害之法，當爲減除泥沙，節儲洪水，固定河槽，嚴整隄防，分疏洪流諸端。而先生對減除泥沙及固定河槽之法論之尤詳。茲先言泥沙之來源：

蓋黃河之弊，莫不知其由於善淤善決善徙，而徙由於決，決因於淤，是其病源一而已。……夫如許鉅量之沙，何自來乎？曰黃河流域，厥土黃壤者多，河中之沙，即雨潦刷削之地面，而帶入河中者也。（一）

……如取各水文站所得含沙量記錄，繪成累積曲線，則含沙量之來源，及其停積之時期，地段，數量，均易推尋，大致涇渭流域爲一區，托克托至韓城黃河流域爲一區，潼關至汜水流域爲一區，其含沙來源均極富。涇渭區及潼汜區約屬黃土地帶。溪澗所經，土崖壁立。或坡地墾爲梯田，土質疏鬆，夏秋兩季，雨量最多，輒因雨水淋刷，崩裂坍陷，傾墜河流，溶解爲沉澱質。間有石崖經氣候剝蝕，裂成碎片細粒，亦在雨後逐流而下，故其組合成分，土多沙少。惟洪水時期沙亦稍多。托韓區幹支各流，兩岸多爲石崖，則沙多土少。若在汜水以下，漸趨平原，河槽多因含沙停積，逐年淤高。惟洪水漲時，偶一刷深。故去河之患，在防洪，更須防砂。（十八）

防制泥沙冲刷之法爲何？

防砂之法分二種：（一）防止冲刷，以減少其來源，如嚴防兩岸之冲塌，及另選避沙道。再則爲培植森林，平治階田，開挖溝洫。（二）設置谷坊，以堵截其去路，山谷間之設橫堵，即可節洪流，且可澱淤沙，平邱壑。應相度其本支各流情形，以小者指導人民設置之，大者官力爲之。（十八）

先生對於以森林治河卽不贊成，但其防止冲刷之功能，並不完全反對。

西人之來遊吾國者，視黃河之狀，莫不曰欲治黃河，非培植森林不爲功也。森林治水，其效甚微，雖曾於河海月刊論之。況復黃壤區域，麥田所憑，林木根深，培植不易。少植之則完全無效，遍植之則妨礙民生。竊主張森林之說者，欲其減暴雨逕流之量也。逕流減則黃沙之被刷入河者亦減，是不但洪水之災可免，而黃河之淤塞亦可減少多矣。予以爲森林固應提倡以爲工業發展之預備，而勿以爲治水之希望也。欲減逕流，與其所挾沙量，予擬有三途以代森林，有大益而無礙。三途惟何？曰植畔柳，開溝洫，修道路。（十一）

利用森林來減免泥沙，功效甚微且緩。我們決不可存一依賴森林治河的心理。但是我們仍應當努力的去提倡西北山中植林。（十七）

造林工作，在上游可以防止冲刷，平緩逕流。在下游可以鞏固隄岸，充裕埽料，於治河有甚深之關係。應在中游幹支各流分別勘定造林區，及沿幹流河防段大隄內外，廣植林木。並按土壤種植之宜，各爲選定樹木種類，分區分段，設置苗圃，分年栽植。（十八）

但森林之效頗不易獲。其理由有三：（一）西北氣候乾燥，樹木不易生長。（二）交通不便，木運困難，植林者無利可求。（三）面積廣漠，遍植林木，非百年不爲功。（十九）

先生因乃提倡種苜蓿以防土壤之冲刷，兼以從事畜牧：

竊以爲與其提倡森林，不如提倡畜牧。與其提倡種樹，不如提倡種苜蓿。陝甘黃土坡嶺，遍植樹不易，遍植苜蓿則甚可能。樹木交通不便，無法運輸，則歸於無用。苜蓿則可以牧牛羊。牛羊肥壯可以驅而之都會求售。其毛可以製裘織呢。其肉與乳酪，可以供人食飲，不患無利。

、苜蓿根甚深，糾結土質牢固。防制冲刷之力勝於樹木。其性耐旱，不用灌溉。只須種一次，年年可以滋長，無養護之費。每年只須鐮割三次，存乾亦可供芻料。或放開牛羊自食。其嫩芽人亦可食。故美國西方旱乾之地廣種苜蓿，良有以也。

誠能使西北黃土坡嶺，盡種苜蓿，余敢斷言黃河之泥滓至少可減少三分之一。

吾國人衣料宜改服呢褐，以利工作。食料宜多增肉乳，以強身體。西北畜牧發展，不惟黃河受其利，國人衣食亦受其大賜也。（十九）

何言乎植畔柳？

黃壤區域，其田大抵皆為階田。每次暴雨，上田瀉水，下田承之。逐段而下以至於河。而所刷田間之沙，亦隨水而去。若於每田之三畔，植所謂矮柳一行，則水自柳間流去，速率因礙物而頓滯，則沙停其後，不啻濾器。迨田畔高仰，柳根繁殖，則畔亦固矣。……（一）

何言乎開溝洫？

此吾國古法失傳者也。昔者禹治洚水，兼盡力乎溝洫。後世儒者，頗有謂禹釃二渠，後至周定王五年，凡千餘年而河始一徙。且當時未隄防，其所以安瀾不犯者，皆溝洫之功。而河之敝也，亦自周衰，井田廢，溝洫之制始弛。此說也，雖未或盡然，而亦頗有扼要之見也。……綜觀以上諸說，皆謂溝洫可以容水，可以留淤，淤經濬取可以糞田，利農兼以利水，予深贊斯說。　夫井田之制不可復已，後儒有必欲復之，膠固之見。溝洫遂澮之廣深，不必深考，要可師其意耳。治水之法，有以水庫節水者，各國水學用之甚多，然用於黃河，則未見其當，以其挾沙太多，水庫之容易被淤而遂廢。然若分散之溝洫，則不啻億千小水庫，有其用而無其弊，且有糞田之利，何樂而不為也。漢人之歌曰：「涇水一石，其泥數斗，且溉且糞，長我禾黍。」

可見黃壤養田之功，爲古今人所認。聽其入海而去，亦殊可惜！而階田之制，田面肥沃，尤爲可珍。使上田沃土，以養下田，猶得失兩消。若聽其刷洗，盡入河流，非計之得者也。……（一）

開闢溝洫，農人不願意，（一）因爲佔地面，（二）因爲每年要挑挖，所以著者感到不便，又想了一種辦法。將田分作溝，塍，畔。畔須高。溝寬五尺，深一尺。塍寬二丈至三丈。頂面作弧形，易於耕耘。溝中可以植樹，並可栽種菽穀。亦不必每溝中都要植樹，斟酌情形辦理。雨霽水量，可以停蓄在溝中，田面土壤，不致冲刷。於農人大有益，於河道大有幫助。這法推行於西北各地，只要政府認眞推行，想非難事。（十）

何言乎修道路？

……黃壤之區，道路多深處地面之下，深者至十餘丈，北方名之曰衚衕，西人比之爲Canon，Canon者，深狹之谷之名也。每乘騾車，蹣跚悶行其中，仰窺天口一綫。遇旱則塵土埋輪，塵埃撲鼻，幾閉呼吸。遇潦則泥濘沒脛，馬蹄不前。或兩崖崩坍，浹旬阻礙交通，其苦難喻。……

北方衚衕之害，前既言之，欲減其患，惟有修治道路，路身堅固，車輛改良，道旁有水溝，亦可以減入河之砂量。而爲交通計，亦非甚得耶？……（一）

何言乎設谷坊？

砂是山谷中來的，所以要在山谷中設置谷坊、平緩水勢去減免的。泥是黃土地面來的，所以要平治田疇，開闢溝洫去減免的。（十）

攔洪節流，實爲防禦水災之要圖，但水庫必有適宜之地址，充分之容量，且能避免砂淤，維持較久之壽命者爲尚。故黃河攔洪節儲之法尚有待於研究。先生於此亦略有指示：

蓄洪之法，從前未有議及之者。即在歐美亦近數十年始行，以其最經濟，最有效，兼能減輕下游之河患，與上游之水患。其工程以施於陝西，山西及河南各支流爲宜。黃河之洪水，以來自渭涇洛汾雒沁諸流爲多，各作一蓄洪水庫。山陝之間，溪流並注，亦猛急異常，亦可舉其大者，如山川河，無定河，清澗河，延水河亦可作一蓄洪水庫。如是則下游洪水必大減，而施治易爲力，非獨弭患，利且無窮。或議在壺口及孟津各作一蓄洪水庫以代之，則工費皆省，事較易行，亦可作一比較之設計，擇善而從。（十八）

非常洪水莫有節制，則下游仍氾濫。我們預備在中上游黃河支流山谷中設水庫，停蓄過分之洪水量。……洪水之時，互通消息，迭爲控制，使流到下游的水量，不能超過每秒六千五百立方公尺，則非常河患，可以從此莫有了。（十）

七　河床宜使固定

古人有守灘之說，蓋以河性喜曲，曲而向北，則南岸生灘而北險，曲而向南，則北岸生灘而南險。故主張守隄不如守灘。此卽固定河槽之意也。其後德國恩格爾斯教授指示應固定中水河床，使河流有一定不移之道，乃益爲國人所注意。惟欲固定河床，應使之有適當之容量與路線。

如何使河床固定，今日之河床，可以使之固定乎？抑必另闢一新床，而後使之固定乎？另闢新床，馮氏桂芬之議也。然其工程浩大，用費不貲，萬非今日之國家所可議及，且卽另闢一渠，以容納河流，而欲使之積久不敝，一必使其橫斷面得當，二必使維護得法。若橫斷面不得其當，則必蹈宋六塘二股之覆轍。使維護之法，不能歷久不弛，則如潘氏靳氏之功，亦勢必人亡卽敗。維持今日之河床，比必不可行者，然以今之人，由今之道，決不可能也。今之河床，已較昔日大清河淤高甚多。……此歲河決屢現，國家已有窮於應付之象，則不及十年，河之不復改從而他往也難矣！欲使河床固定，必與以適宜之橫斷面。是橫斷面也，範流，瀉洪漲，挾所含之沙，直注海洋，無隨處淤塞，侵削岸址之弊。是橫斷面也，浚渫之不能爲功，必仿以壩治海，以溜治槽之意行之。惟聞者必謂：「今河工固有埽也壩也，何以愈防愈敝也」。則答曰：「是無他，其設施之不當耳」。蓋流水之中，相持均勢者，凡有三事：一曰水量，二曰沙量，三曰河降。水之於沙，或取或舍，視乎水量及河降若何，低水之時水濟，沙被舍也。洪水之時水潭，沙被取也。……（一）

河流之横斷面，有所謂單式複式之别。低水洪水同納於一槽者，名曰單式，尋常水位，納於一槽（名曰本槽）洪水或非常洪水令迴旋於較寬之槽者，名曰複式。黄河兩面築隄，即爲複式。（一）究竟黄河將來之横斷面，以單式爲宜，抑以複式爲宜？

恩格爾斯最近與著者來函説：「使河槽日刷深而灘日長高，則久而久之，洪水中水，容納在一個槽内，複式横斷面可變爲單式的了」。可見他的主張單式横斷面。這項著者也同意。

這是什麽理由呢？因爲所貴乎有複式横斷面者，因爲洪水流量太大，單式河槽内不能容納，使之向外發展。但是㊎床上的横斷面，常常因爲太淺，或者崎嶇不平的緣故，失掉了排瀉的能力，不過做了個臨時停蓄之地。尤其是黄河，含有多量泥沙，使他的力量不能集中，將一起的泥沙借洪水的力量輸入海，是很可惜的。故著者也是主張使黄河横斷面逐漸演變爲單式爲優。前在黄河之根本治法商榷文内説：「既知流水挈沙之詳情，則據之以定其適宜之横斷面焉。至水位年必一至者處之於本槽，非常洪水數年或十餘年一至者處之洪槽」。是主張尋常洪水，與中水同一槽的。非常洪水是人們常顧慮不到的。若能於上游設攔洪庫，則下游可以莫有非常洪水。一個單式的河床横斷面更爲相宜。（十）

「固定黄河河床應以何水位爲標準」？先生與恩格爾斯之意見，亦稍有不同。恩氏主張固定中水河床，先生則主張應依據河流之情形，計算而得，「非僅舉中水位以爲標準之簡單也」。（二十）

且余以爲恩氏「中水」之説，亦不過示吾人以概要而已，非必拘拘然唯中水是守。矧黄河挾泥沙最多者也。欲固定一槽使常守之而不冲刷，不淤填，則又焉能捨泥沙問題不顧而唯水位是求？如是則失恩氏之意也。（二十）

河床固定了以後，才可使他刷深。恩格爾斯主張固定中水河床，也是同一意義。但是洪水在中水河槽以外，奔突無定，則仍是危險。恩格爾斯説，「中水河床固定以後，使河床永不近隄，則不發生險工。但洪水大溜方向，常常不按中水低水河槽方向。往往河槽方向向東北，大溜方向偏趨向東南。故説中水河床固定以後，便永遠不會發生險工，也是靠不住的。並且黃河決口，平工多於險工。而漫決多於衝決。所以即能保莫有險工，而仍不能保莫有決口。

但是恩格爾斯這項主張，著者是最表同情的。因為有了固定中水河床以後，才能設法控制洪水的流向。不然便如野馬無韁，莫如之何，只有斤斤防守而已。（十）

先生既主張採取單式河槽，而單式河槽，容納過大洪水量，一恐事實上做不到，二恐即能做到，亦無益處。蓋以河槽如旅舍，多年無人顧問，則荒廢也。故主張以常年之洪水處於本槽，以此等洪水不至為下游害，而有沖刷之能力也。依據研究之結果，姑定本槽之容量為每秒六千五百立方公尺。並聲明此數以後還須加以研究更正。

以每秒六千五百立方公尺為準，再按各處洪水面，比降及河床糙率而計算標準橫斷面式（拋物線式），得標準河幅寬度。則在此寬度之內，要河刷深，至於標準橫斷面相符為正。標準寬度以外，要使河灘地逐漸長高。（十）

河槽如何挖深？

惟疏浚河槽，使其能容某定量之洪流，勢難以人力或機械之力為之；即能，亦至不經濟。利用水力，較易有效。（十八）

這樣的偉大工作要用人力去挖河槽是絕對不可能的。但用河水自己的力量，著者想不是怎樣的難事。因為黃河本來具有這樣的能力。只要我們駕馭得法，總可達到目的。（十）

灘地如何長高？

如何可以使灘地長高而河槽刷深呢？著者之意以為不要先拘執於固定中水河床。而應先從灘地着手。什麼理由呢？（一）因黃河河床太不規律，中水河床頗難規定。（二）因希望河槽刷深，水面降低，將來之中水位，必不是今日之中水位。（三）因要將普通洪水納於一槽，則徒固定中水河床，反與河水刷深之工作有

礙。（十）

著者以為要達「河灘長高，河槽刷深」的目的，所施的工程，須具四種條件：（一）工價較省，（二）具伸縮性，隨河床之變遷，而不失其用，（三）不妨礙河床刷深之天然工作，（四）可以隨時按環境需要而增益。因之擬了一種方法，名曰固灘壩。（十）

顧治河之工事非可久待。尤以黃河因事實之需要，不許吾人從容設計，以求周密。故先生意欲於充分之資料獲得以前，就全河先為之固定若干結點，使結點為河槽必由之路，而於結點之間，則先固定其河床之一面，以為引導。其他一面則待事實上進展之需要，而逐次固定之。故主張固定河床應先從免除險隄着手：

恩格爾斯固定河床之主旨在於免除險工。而現有之險工，計河南境內，凡若干處，河北境內，凡若干處，山東境內，凡若干處，不思設法以改除之，則年年春修夏防，所費甚多，而為患無已。故不若先就此等險隄施工，以改除其險劣之況，使險化為夷，則治工之效，可以速見。

凡治河治其一處，則其上下游皆受其影響而生變化。其變化或良或劣，頗難定也。故治工之施，宜兼顧上下游，而尤須自其最劣處起手，使劣可變為良，而其良者不至變劣。

固定河床，最費料的者，即固定兩岸之寬度。由改正險隄處之河道則可先固定其一面（即凹面），是可立時動手，徐察其對岸之演變，而作後來之固定計劃。

河槽如富有彈性而長之鋼條，振其一處，則波動傳及全體。如於鋼條中，擇其數點而箝固之，則波動必見制於此等固定點而推移於其間。其波距亦變而低小。故若擇定三省黃河中數處險工段先為之改正，繼加以固定，則以此數處為固定點，或名結點，則結點間之河流，庶易於就範矣。

所謂改除險工者，改正之後，險工即可歸於烏有，而被除去也。除去一險工，同時無使發生新險工，則少去一險工之歲修歲守費。全河險工完全除去，則全河修守之費可以大省矣。

河防段長二千餘里，勢不能自頭至尾之河床完全加以固定。即能亦不能同時舉辦，勢必有先後緩急之別，然則何後應加固定？何處可以不需？何處應先着手？何處應後着手？是又不能不加以審擇。本篇之所謂結點，即以爲審擇先後之標的。（二十一）

以上所述，皆爲下游河防段之整理。至於上中游，雖無隄防，但各段河槽，則亦有固定之必要，應當一併舉辦。

潼關到韓城一段，雖然不是河防段，却也常受水害，所以固定河床，刷深河槽，要同下游一樣的辦法。希望可達到通行小火輪的目的。最要緊不要忙着修隄防。寧夏到包頭的一段，河勢寬衍處，也要用固定河床的辦法。窄狹之處，水深可夠，只去了石灘障礙，便可通行輪船。（十）

八　鞏岸勝於築隄

隄爲防洪之一法，亦幾爲我國數千年來治理黃河之惟一方法。歐美之恃隄防河者，其例亦多。我國治河文獻中隄防存廢之辯，更佔有重要地位，固非全屬空論，黃河之特性使然也。先生對於古人之爭辯殊少論列，惟欲以另一方法，增固兩岸，故對於隄防之法，甚少信賴。此可以論利津以下築隄不如鞏岸一文中見之：

假令利津以下三十公里，兩岸俱設隄以防之矣，其效可以逆睹者，曰：兩岸獲其保障之田三百萬畝，斯田也，永無湮沒之患而可資種植之用，民生因以富，國用因以裕。黃河之利寧有過於是哉。是則誠然矣。顧其害亦有可以逆睹者，曰：養護之費，防汛之勞，必與上游先進隄段，同一爲人憂也。是使山東河防段增加六十公里也。蓋無其隄則漲溢聽於天也。有其隄則漫決人之咎也。利害相衡，固利多而害少，然經其始者不可獨見其利而不見其害也。

蓋凡河之有床，皆其自爲之者也，非有假藉於人力者也。床之有岸，亦河之自爲者也。一切俱河之自爲之矣，顧謂其岸繼長增高，非人力不可，則過於忽水之功，而重視人者矣。

凡含泥之河，其近槽之岸，必自然淤高，而於黃河尤著。蓋惟其洪水含泥之多，故其溢出槽也，必先淤積於兩旁，則其自然之性也。利用黃河自然之性，有以速其效而保其功，則所施之人力甚微，而所獲甚大。其法維何？曰：不築隄，惟於兩岸植柳而已。植柳成行，疏密高下，亦惟人意。則含泥之洪水，漫溢遇之而淤積成邱矣。邱上復植柳，則邱益高，連亘不斷，自然成鞏固之高岸矣。斯岸也，有隄之用，而與隄異。（一）樹爲骨，其身堅矣。（二）與地爲一，其基固矣。（三）水自爲之，水不易侵矣。（四）無隄之名而有隄之實，防守之責輕矣。

假使黃河向來無隄防，而年受漫溢之患，則予敢言始即用此法，可以不使河病如今日之甚。（二十二）

故凡無隄防之河段，整理之法，概不主張用隄：

保護灘地之步驟：一不宜先築隄，先築隄不能保，且以害河。二不宜先從低水床起作護岸工程，恐河襲其後，前功盡棄。三不宜仿用下游豫魯境埽工，其式不相宜也。河床既寬衍，灘地平坦，宜參用保護海灘之法。（二十三）

然現在下游河隄所保護之面積甚廣，是則又不能將隄完全捨棄：

各區保護之面積很不容易計算。因爲決了口之後，常常會衝破範圍之外。比如說鉅野區向南以微山湖爲止境。但是灌入運河，運河再決，灌入六塘，則要氾濫直到黃海爲止。要按歷史上黃河累次遷徙氾濫所到的地面，合計起來有三十萬多平方公里，被保護的人口有八十多萬。

河隄關係如此之大，所以此刻要將防河工程，完全捨棄，另想別的辦法，是談不到的。惟有一面維持河防，一面從有效力的治導方法着手去做。（十）

九　水流宜疏不宜分

自禹播九河成功之後，雖有倣行之者，但多無功，宋河其著例也。先生亦主疏不主分：

後世言治河者，對於分疏，多所爭辯。主河不宜分者，謂分則力弱而易淤，宋時河道弊，以分之過多也。主河宜分者，謂河水盛漲，本來不能容，與其不分待決，何如早分之爲愈也。恩格爾斯對於此點，與余意見完全相同，主張宜疏不宜分。顧「分」與「疏」之區別何在？

分是河道分岔，平時並流。洪水之時，分殺水勢，自不免同歸於廢。疏是用減水壩，只令洪水一部分越壩而過，以減洪水壓力，而免潰決之險。其用與汽鍋之安全閥相同。

無論用何法減水，必有減水之渠道，以歸於海。

余意更有所進。黃河不宜分於上游，而不妨疏之於下游。不宜分於泥沙過多之處，而不妨疏於泥沙減少之處。蓋分於上游，則易致漆舉改道，疏之於下游，則此慮少。分於泥沙過多之處，則易致淤塞，疏之於泥沙較少之處，則此患輕。（二十四）

十　整理航道應注重國防及水陸聯運

「現在的黃河，不過支支節節能通幾隻牛皮船及木船而已。用現在的交通眼光看起來，直可謂之不通航。」（十一）是先生對於黃河航運之總評。整理航道既列爲治河之第二目的，故對於航道之主張如次：

整理到什麼程度，更須值得我們注意的。我們積弱之下，事事輒受制於外人。尤其是交通利器。爲外人所把持得利害。揚子江流域不惟外貨充斥，國產衰敗，而且外商輪船，深入內境。又以保護爲名，兵輪繼其後。倘如不是中國地方一般。西北交通不便，幸而還未到如此程度。我們懲前毖後，又何忍令西北再陷於東南萬劫難復之危險呢？所以我們對於黃河航道，有如下之主張：

（一、黃河本身海口不設港。（工程上也難實現）

二、利用小清河羊角溝爲商港。而於濟南附近，使小清河與黃河聯絡。最好不用船閘，而設起卸場壩。

三、大洋輪船限制行於黃台橋以下，或黃河起卸場下。

四、由利津至鄭州黃河鐵橋以通行拖輪爲度。鐵橋設火車及民船轉載場。（由火車卸貨於船）

五、潼關至鄭州鐵橋，整理河床，令民船易行。不行拖輪，以免與隴海鐵路相妨害。
六、潼關至禹門，以能通行拖輪轉煤鹽鐵爲度。
七、由包頭以下至禹門，暫以整理河床能令民船及木排暢行爲度。
八、包頭至蘭州通行拖輪爲度。

其目的有五：
一、全部航道注重在下行貨物之暢利，上行者稍感不便，以阻洋貨之侵入。
二、凡有鐵路或其他航道相聯絡之處通行拖輪，以期轉運便利，國貨暢通。
三、下行之船應除去一切障礙，如淺灘，亂石，陡坡，苛捐，陋規及土匪。
四、下行之船到目的地，即連船帶貨售脫，人由鐵路或公路西返。
五、沿河培植森林，使黃河爲西北上輸出木材孔道。

計黃河本身通拖輪者三段，蘭包段長九四零公里，禹潼段長一二零公里，滎利段長七二零公里。通民船者包禹段長六七零公里，潼滎段長三一零公里。（按里程與其他記載間有不符——編者）如此按排，則可得合乎目的之交通，而工費不甚大。（十）

限制航運之條件有二，一爲河道之情形，若水深，若流速，一爲舟楫之構造。故欲發展航運，既應謀河道之整理並須促舟楫之改良。故先生亦主張設計適宜於黃河之行具：

惟整理河道非易事也，其需款恆以數千萬計，使所得效果不足以償之，則莫之肯爲也。矧在黃河中衛以上，無數砂礁，欲使化險爲夷，輪舟通駛，萬難如願。中衛以下，河床寬衍，沙底易動。尤以綏西一帶所謂破河，水流散漫，舟行其間，幾不辯河槽方向。民舟且不易行，況乎輪船。竊以爲求之於水道不得其便，則當求之於行水之具。寧夏以上所以盛行牛羊皮筏者以其便也。然則此牛羊皮筏者庸不可改善之以益其載量，利其行駛耶，湟河大小峽諸險，皋蘭以下諸灘之險，應盡人力除其大害，以使行旅安穩。而筏制則應由能者爲之設計改良。至於中衛以下則舟之構造，亦可倣牛羊筏爲之。查歐洲船閘之巨者，其閘以鋼製之，靈可知矣，而能有所謂浮門。浮門之制於門體中設有氣函。函中空氣可以唧器虛之實之使門得浮。然則行於黃河之船，獨不可如是爲之耶？船以鋼製，中設氣函，其上拖力得以機器調節之。使有百噸以上之拖力，則可載貨百噸而浮。甚至拖船之力艇亦可如是爲之。如是則吃水不深，或竟全浮於水面，上下行駛，自可如意。著者以爲提倡黃河交通者應特別注意是點。最好詳察河道情形，四時變遷，及一切對行船有關係諸因素，明定要則，懸重獎以徵求便利駛行黃河之造船設計。不拘中外造船專家俱可應徵。則西北水道交通必有解決之一日。此問題若有完滿解決，則四千公里之黃河，及其支流如洮，如湟，如汾，如渭，如南北二洛皆靈活矣。其他小水如套中諸渠，如無定河，延河等亦何嘗不可加以整理，以爲內地交通之一助哉。（二十五）

十一　發展水利應就可爲者爲之

治河目的首重防災，次及航運，餘皆視若「可爲者爲之，不能列入治河之主要目的。」此專就黃河幹流而言，非可一概而論也。先生致力於關中灌溉者十餘年，卓著成績，固多在支流。然寧夏綏遠一帶之引河灌田者，遠起秦漢，歷代承修弗衰。故若爲力之所能及者，自應予以分別改善擴充也。

甘肅寧夏綏遠故饒渠利，然不盡合科學方法，應改良或推廣，以求盡利。……（十八）

西北面積雖云遼闊，然可耕地面不過百之十七。加以氣候乾燥，旱田每畝所入不豐。一遇旱年則收穫完全無所有。故歷史上西北奇災，不絕於書。而最近民國十七年至二十一年，五年陝西之大旱，尤爲新經鉅創，未可遽忘。若交通未便之腹地，外處糧食輸入不易，倘遇大旱，人民直待死而無救。爲救荒計，灌溉自有極力擴充之需要。須努力爲之以盡水與土之用，以增加生產之力。

又爲全國富力計，尺土任其荒蕪，寸水聽其虛瀉，皆非計也。土之用不適於耕者，必求其用於牧。水之用不能得其溉與航者，必求其用於力。如是始可言開發西北。（二十五）

……若除去新疆不計，灌溉面積實只六百萬畝（連將成之洛惠，渭惠並計在內）則十八所有僅有一畝半。此與甘肅建設廳每一人有一畝水田之希望，相差遠甚。至於西北人數果有如第一章所依據四千三百萬之多，未敢即以為是。然無論如何不下三千萬。每五人有灌溉田一畝。……（二十五）

先生研究西北水利問題之論著甚富，惟以關於治河者輕，不使多所引錄。但於寧綏水渠之改進，擬與黃河水運之計劃融合為一，實為創見：

包寧鐵路不知何時始可建築，而常使西北交通無法利展，殊屬有礙國步。黃河本身，欲治導之，使行汽輪，其困難與耗費，比之建設鐵路更有過者。蓋河身寬泛，而治河材料最感缺乏也。舍此二者而外，惟有開運河一法較易得效。

寧夏各渠以唐徠渠為最長最大，寬處有二百公尺。由青桐峽口，至平羅縣鎮遠堡，長凡三百二十里，與石嘴子相近，渠尾尚闊數丈，此可用以作航運也。綏遠之烏加河，繞北山而行蜿蜒數百里，東距包頭二百里，西距磴口不過數十里，此亦可以治為航道也。

貫穿唐徠渠北至石嘴子達於黃河。貫穿烏加河東及於包頭，西及於磴口，達於黃河。使河身俱合乎航行汽輪條件。需要之處，設船閘以為節制。如是則二百噸以上之汽輪，由包頭至寧夏，以達青桐峽當非難事。青桐峽宜造一跨河鐵橋。此橋甚為需要。有此橋則寧蘭公路可於此處過河，行河之南岸，不必繞越渡河至三次矣。

黃河結冰三四個月間，交通幾至全阻。尤於封河及開河時期，渡河危險不堪言。駱駝一隊平時渡河，十餘日始渡。有此一橋則一切困難可以解除。造橋之費，不過百餘萬元足矣。

橋孔之間，設活動堰以蓄高河水，則河東西兩岸之灌溉渠，可以統由此節制管理。河西以唐徠渠為母渠，河東展漢渠為母渠，由此母渠分給各渠水量不患不給。渠身不患淤，堰後積淤可由中泓排瀉之。如此則各渠養護之費，可以大省。旱潦不虞，當更灌溉之田，可增至三百萬畝。水利交通益莫大焉。

綏遠河套之運河，航運而外，亦爲灌溉母渠。使黃河之水，由西端入渠，由包頭附近復入於河。各灌溉渠由母渠分出，分潤田畝，其勢順利，且渠不易淤，灌溉面積亦可增加甚多。

運河之長，統計不過六百公里，連石嘴子至磴口一段黃河在內。而舊渠道之可利用者，約長四百五十公里。應新開者，不過一百五十公里。開鑿土功，利用民力兵力，建設之費可省甚多。（二十六）

河水之可資利用，除灌溉外，尚可放淤。蓋以河水攜泥極富，而且肥沃，故可糞田。山東省政府曾計劃沿河將鹹鹵之地放淤。先生贊同此主張：

豫冀魯近河低地，洩水無路，除水面蒸發外，惟有滲漏之一途，又因土壤中蒸發作用，致鹵質上升，漸成鹹地，不可種植，合計之不下三萬頃。以如是廣大區域，棄置不用，甚屬可惜。山東省政府，頗致力放淤工程，改良鹹地，兼事推廣溝洫灌溉之利，但以經費所限，未能盡量推行，茲宜統籌，以利進展。（十八）

「水力爲製造最廉之工力。日本之貨物得以傾銷於全世界者，可謂其近十餘年努力水電之結果。西北之物產增加後，製造必興，製造之條件，一爲原料之充美，一爲工力之價廉。二者兼之，庶足以得價廉物美之成品以向外推銷。故西北水力之需要，較之其他各地尤切。」（二十五）惟先生主張水力開發之步驟，仍極慎重：

黃河幹支各流水電之利源極富。惟水電事業，須與工業及交通聯絡發展，始有成功之望。以現在西北諸省之情形言之，似尚未及其時。茲爲來日發展地，提議先於壺口孟津及渭河寶雞峽各建水電廠。（十八）

十二　治河機關應改進

治河之事代有專官。清設江南河道總督一人，掌黃淮會流海、洪澤湖汕黃濟運，南北運河洩水行濟及瓜州江工，支河湖港疏浚隄防之事。山東河南河道總督一人，掌黃河南下，汶水分流，運河蓄洩及支河湖港疏浚隄防之事。直隸總督兼河道總督一人，掌漳衛入運歸海，永定河歸淀，疏浚隄防之事。迨至咸豐五年（西曆紀元一八五五年）黃河北徙，乃於十一年裁南河總督缺，以漕督兼管河務。光緒二十八年（西曆紀元一九〇二年）冬，裁東河河道總督缺，河工歸巡撫兼管。三十年多，裁漕運總督缺。民國而後，黃河下游，則分省設局掌理黃河修防之事。民國十八年（西曆紀元一九二九年）曾頒佈黃河水利委員會之組織條例，畀以統籌黃河治理之任，但未成立。二十二年重新改組，李先生任委員長。但豫冀魯三省河務局並未取消，僅受委員會之指揮監督。關於黃河堵口之事，行政院則交由黃河水災救濟委員會主之。故治理黃河之機關其時尚未統一，職權亦難分明。先生深論其非：

譬猶庸人之子有病，則多延醫生以求子病之速愈，甲針之而乙砭之，丙熨之而丁搴之，其子焉有不死之理。今政府之對黃河亦猶是也。恤之而多設機關以治之，在政府不可謂之不盡心焉爾矣，而河受其害，民受其災。子病而亡，則羣醫相諉曰：彼也，非我也。是非醫之過，直其父母之過也。（二十七）

別的機關，鄙人不用提起。專就水利機關而論，這兩年來，水利機關的工作效率如何呢？但是權限之爭，中央與地方，地方與地方，此機關與彼機關，卻是紛紛擾擾各不相下，這都是因爲機關組織不完全不良好的緣故。（二十八）

故先生對於治理黃河機關組織之建議如次：

行政機關之組織，在乎統系分明，手續簡單，呼應靈便，如一優良機器然。河工機關之組織，需要此數點尤甚。況乎全河之長四千餘公里，交通之不便如是，社會之不甯如是。欲一機關而統理之，使上下兼顧，收效宏速，誠乎難矣。是固須有極完健之組織，上得中央之信倚，中得地方之協助，下得人民之樂從，始能望其成績。

今黃河水利委員會已以明令改組矣，以委員會管理全河，所以嚴其組織者，應注意以下二點：

（一）委員不宜濫，人數不宜多。宜就於黃河水利有深切認識者，重要關係者，宏遠計謀者委之。勿以名器爲酬庸之具也。

（二）委員長之權宜重。欲使全河就理，而委員長之命，不爲人所重視，則委員長將等於虛設也。

委員會所管者爲關於治河之行政，宜設一秘書處管理會議紀錄文書統計任免考成會計出納及庶務等事，分列四科。……秘書長下設科長四人，薦任，科員每科四人至八人，並得僱用書記。

本會爲水利機關，則組織上應趨重於工程。務使健全，不受任何方來制肘，致使發言多而實功不易見。故宜設立甚有力之工程處，以統轄全河工程及關於河防之管理事項。並設五工程局以分段爲治，其地點分別如下：

（一）第一分局設於濟南，管轄海口至濮縣一段黃河及其支流。

（二）第二分局設於開封，管轄濮縣至孟津一段黃河及其支流。

（三）第三分局設於潼關，管轄孟津至吳堡一段黃河及其支流。

（四）第四分局設於包頭，管轄吳堡至石嘴子一段黃河及其支流。

（五）第五分局設於皋蘭，管轄石嘴子至貴德一段黃河及其支流。

工程處之組織，須使管理及工程人材集中，能擔任上述職務。分列五科：（一）管理科，（二）交通科，（三）設計科，（四）測繪科，（五）實驗科。總工程師下設副總工程師一人，薦任秘書一人，科長五人，工程師，副工程師，助理工程師無定額。視事務之繁簡增減之，分掌各科職務。普通科員每科四人至十人，並得僱用書記。……（十一）

十三　治河宜審理察勢乘機而進

「審其理，察其勢，款備，料備，乘機而速作，無失其利。」（二十七）是先生治河之要訣。夫審理察勢，得自測驗研究，當能據以定其計。諸事有備，乃能乘機而作。有機無備則失，有備無機則費。先生首紀治河之準備曰：

今將欲大舉治河，而未有其計。有其計矣，而未有其資。有其資矣，而未有其材，則將如之何？凡事豫則立，不豫則廢。又曰：雖有智慧，不如乘時。欲圖治河者，不可不早為之所也。

黃河河床時有變遷，有時則變而極劣，有時則變而極優。其變之著也，每在洪水之後，蓋洪水之力足以破壞隄防，亦足以刷深河槽。民二十一年大水以後，禹門朝邑之間，河槽由散漫而劃一，民二十二大水以後，廣武開封之間，河槽由淺歧而宏深，是其例也。為治者於其有可改變之機也預防之，於其已變優也護持之，如是則治河之事可半而功可倍也。然苟無平時之預算，則坐失其機而莫之能為，是則最可惋惜者也。故欲乘勢，必須預為之備，其要惟何？一曰人，二曰資，三曰材。

人也者，非純有技術學識之謂也。乃使河上兵夫有訓練，沿河民眾有組織，一遇機會，群力趨赴。各有其所，各有其執，能者操其術，不能者供其役。……

資也者，財之謂也。曲突徙薪無恩澤，焦頭爛額為上客。人事顛倒往往如是。涓涓不塞，每成江河。夫河之弊也，必有其倪，於其倪之肇也，急有以防之，則費不多而巨浸可免。即如河北省南北兩隄之串溝，人人知其必為隄害也。使預為之杜防，則十餘萬元可為功也。然而為杜串溝計，則十餘萬元莫之可籌也。乃一決於民二十二，再決於民二十三，損失民產數千萬，振工等款數百萬。其致禍之源，主要在乎串溝，其為失算何如哉？

治河猶用兵也，有應深謀遠慮者，有應隨機應變者。今無預籌之資，謀慮則以深遠而姑待來年，機變則無以隨應而失之一旦。故劣者聽其劣，而優者無以保，則河終無可治之日矣。……

復次言材，有其資則材可儲也。然則材有臨時而致者，有須經年方備者，不能不分別而預為之計也。（十三）

先生數舉近年河工之失機，深為痛心，於此亦可略見先生治河之主張。

至今思之，誠失其機矣，悔之何及。蓋爾時若聽其改道北徙，其便殊多。（民國二十二年河大溢，決五處，五十口，他口皆早合，獨長垣石頭莊一口難合，於是全河趨於決道，北流經東明、濮縣、范縣，而至壽張之陶城埠，復歸於河。——編者）一為地方安危計：河改道北徙，豫境南北兩岸河防可撤，諸險可守。冀魯南北兩岸在陶城埠以上者許多險工亦完全避免。豫河安則北無決沁奪漳之危，南無決蘭奪淮之廣。冀魯險工避免則魯西一帶亦永無浩刼。是一改道而豫冀皖蘇魯五省人民得以高枕而臥，而此後十年之間修防之費，所省豈啻數千萬哉。二為治理黃河計：夫醫瘍者必決其瘍，去其膿積，滌其毒穢，而後瘍可治。徒以藥膏外敷以冀合口，而不恤其內蘊之毒者，庸醫也。河自石頭莊奪溜後，本床淤積日甚，其為患豈止若瘍之內蘊。徒知塞決，又何殊庸醫之治瘍哉。庸醫治瘍此平而彼爛，一平而百爛。治河而徒事塞決，此塞而彼傾，一塞而百潰。當其塞之成也，自以為功，而不轉瞬間，過亦隨之。故河仍守其已病之道，則終於不可治也。反是若就其決而導之，則事可半而功可倍。蓋決道之下，循乎金隄，濮縣以下流已歸槽。金隄培修可期穩固。金隄之南則地勢愈南愈高，復有本河南北二隄以為之限，其勢如山。河經南北二隄之間，其縱坡度為五千分之一，較之本來八千分之一以上者，勢倍順，其流倍暢，從而導之，不亦宜乎。三為人民生計計：自河初決後，此岸氾濫最重者為長垣滑縣。東明則淤瘠為沃，大獲其利。濮縣以下則河已歸槽，氾濫較輕。自河再決後，則封邱受其倒灌，氾濫亦鉅，長垣最重，滑縣較輕。然統計其氾濫面積，約一千平方公里，受災人民，據長垣縣張縣長呈河北省政府電文，城鄉災區合計不過萬戶。如再合封邱滑縣濮縣計之，兩萬戶可謂極矣。我國土地廣濮，未墾之地尚多，豈少移民之地哉。移卑就高，移危就安，政府為人民計不應如是乎。而且改道之後，故道由西壩頭（封邱開封界——編者）至陶城埠間淤出良田，不下一千六百平方公里，以之讓於被災之民，豐之庶之較其處卑窪之間，日日處患，歲歲不甯，奚啻出幽谷而登喬木。若但為目前災區謀，曰非堵不可。堵之而能保其不致再決三決以至無數決也，堵之可也。堵之而不能保其再決屢決也，徒使禍害而復來，民移而再罹，田闢而再沈，則是行宋襄之仁，召梁伯之禍，為政者固應若是乎。四為豫冀魯三省修防計：河不改道，南岸蘭封至十里舖，北岸陳橋（開封境——編者）至陶城埠，兩面大隄民隄長凡四百二十公里，俱須固其防守，而其防守之難，與歲俱增。若順決河之勢，因而導之，則河北境內只守北岸，不過五十公里，加以連接西壩頭至濮陽之新隄，共約九十公里，冀豫二省共守，亦只一面，縮短防線三倍。河流順軌則險少，

防守亦易。山東向來所守金隄，亦不加重。河北有隄，河南不另修隄，因以固其床，束其流，治功易施。是一舉而數得也。（二十七）

本年（二十四年）七月十日晚黄河在山東鄄城縣董莊及臨濮集間決口，氾濫魯西蘇北十七縣，爲禍之鉅，甚於二十二及二十三兩年，吁！可慟已。（鄄城縣爲劃濮縣之南部而成之縣制，旋即取消。——編者）當禍之初發，苟能應機力赴，以求挽救，未嘗不可稍抒其災。乃人謀不臧，坐視滔天之勢，日益擴大，良可慨已。

查本年決口地點與民十四年八月鄄陽民埝決口之地點李升屯南北相距不過三公里（李升屯居冀魯之界，屬濮陽，村已湮沒無存。——編者），事實上可以謂之同一處也。所異者十四年之決口爲民埝，而本年之決口爲民埝而兼及大隄耳。十四年之決水氾濫於民埝之河套內，大隄防護得力，未致沖決，故魯南蘇北未致受其災。本年則氾濫不可收拾耳。

由上所記推斷可知：（一）李升屯一帶決出之水，可以行套隄内由黄花寺入本河。（黄花寺在十里舖附近——編者）而經民十四之導引，隄根已有深二丈寬六十餘丈之河槽，水行其間，更應順利。（二）黄花寺決口之水可導之由姜溝歸於本河。

是時（董莊初決之時——編者）果有權力之人，派兵一營，駐紮其地，當機立斷，立時決開鄄城民埝之頭及黄化寺民埝之尾，則洪水可順利而入套地，沿民十四年已刷成之舊道而復歸本河。則其善也，可挽全河。其不善也，亦可救其大半。受災者僅地四五十萬畝之人民，救援者魯西蘇北千餘萬畝之黎庶。政府賑濟亦易爲力，是而不爲，計大失矣。（十七）

故所謂乘其機者，乃審其理察其勢之結果，故主張因勢利導：

向來政府及人民不知開渠排水，惟知禦水。開州志載州境之隄有韓村隄，在州南三十里以禦滑水。舊志云，此隄外爲滑水，水發則入州無所洩，故築隄禦之。不知將令滑水歸於何所。（二十九）

十四　推崇以科學方法治河之先賢

我國治河先哲，歷代不絕，豐功偉績，彪炳千秋。惟先生獨崇王景，以其理水合乎科學，而治功埒於大禹也。

中國治河歷史雖有數千年，而除後漢王景外俱未可以言治。潘靳諸流，亦只可言半治。此外則但知防河而已矣。（十五）

王景治河，築隄，疏汴渠，工程最艱巨，功亦最著。自漢迄唐，河不為大患。（十八）

……功成歷晉唐五代千年無恙。其功之偉，神禹後所再見者。……」（一）

後漢時王景治河，算大禹以後最有成績的。（八）

故余謂王景之治河，可以為後世法也。其治功幾與大禹相埒，而合乎今世科學之論斷。（二十四）功績為人所易見，而治水所依據之理論為何？

王景所負使命為修汴渠。而修渠必須治河，為一定不易之理。故自滎陽築隄東至千乘海口千餘里，所以防河之南侵而害汴也。景之事功，按史書所載，為「商度地勢」，「鑿山阜」，「破砥磧」，「直截溝澗」，「防遏衝要」，「疏導壅積」，「十里立一水門，令更相洄注，無復潰漏之患。」「由是河出千乘，而德棣之河，又播為八，故水所洩而力分，偶合於禹功。」

今一一加以檢討：（一）「商度地勢」，所以定河與汴分治之要道也。（二）「鑿山阜」，所以引渠也。（三）「破砥磧」，所以通渠道也。（四）「直截溝澗」，裁灣取直之功也。（五）「遏防衝要」，防禦溜衝之事也。（六）「疏導壅積」，分疏水勢也。（二）（三）為修渠事，（四）（五）（六）為治河事。皆不難解。所費解者，則為（七）「十里立一水門，令更相洄注，無復潰漏之患。」此所謂水門者屬於渠乎？屬於河乎？其用若何？史載不詳，輒起後人之疑。

水門之制，王景以前，則已有之矣。故史稱「汴渠東侵，水門數處，皆在其中。」言數處，非一處可知也。水門應屬乎渠之左岸，渠東侵，潰齧其左岸，致水門立於河中。所謂河，指汴河，非黃河也。

至是爭水門之用處，則不出乎引黃河之水入汴以濟漕運。其必用許多水門者，以門制不能過大，一門之流量，不足以供給汴渠之需要水量，故多立數門也。當時滎陽以東，河與汴平行而東，故由河引水以濟汴甚便也。汴自滎陽首受石河，所謂石門，在滎陽山北二里。過汴以東，緣河積石爲隄，通淮口，亦號金隄，則順帝陽嘉中作也（西元一三二——一三四年）。此金隄應在河之右岸，以分隔黃河與汴渠，使不相混。蓋景時尙爲土隄，後以易潰，改砌以石也。賈讓治河策中所謂「故大金隄從河西而北行，至西山南頭，迺折東與東山相屬，」則在河之左岸。蓋漢時凡大河左右石隄皆稱金隄也。東西二山卽大伾，在今濬縣。

汴渠於漢靈帝建甯中（西元一六八——一七一年），又增修石門，以遏渠口。水盛則通注，津耗則輟流。以石門之制爲滾水堰。河水盛則越堰以給渠，水落則渠水斷流。此制相沿至宋代。汴渠舊制有閘口，十月則舟不行（見雲麓漫鈔）。

但王景治河修汴所作之「十里一水門」是否與其先後之水門一律？則有可疑。（王景修渠於漢永平十三年卽西元七〇年——編者）

一、使此水門仍爲引河水入汴渠之水門，則須就地勢而引水，按需水之量而立水門，又何必十里立一水門也？

二、使此水門如後運河之閘，跨渠而設，所以調劑渠面坡度而節其流，則每十里立一水門，無乃太近而頻數。

三、十里立一水門，令更相洄注，又何說也？使此水門介乎河與汴之間，而使河水與汴水更相洄注也，則不可通。蓋因汴水源於河洛，無論河時，汴必下於河。是汴水無注洄於河之理也。

四、若令河水與汴水更相洄注，則無復潰漏之患，又何說也？蓋景之功，在使河與汴不相混，故必使其間之隄不至潰漏。但若令更相迴注，則又何異乎潰瀹？故知其非若此解也。

然則如之何？竊謂河與汴分道而驅，必各自有其隄。其始也，汴與河相去不遠，故易受河之侵襲。設汴之左右均有隄，而其左隄鄰於黃河。

設在左隄上（汴之左隄——編者）每十里立一水門，則河水漲時，其含泥濁水注於汴渠，（自上游之某地注入，非自水門注入。——編者）而汴因以漲，水由各水門，自上游而下游，挨次以注入隄內。（即汴渠左隄與黃河右隄之間——編者）其所含之泥沙，即澱於河汴二隄之間。水落時，澱清之水，復上游而下游，挨次由各水門注入汴渠。（汴渠水落，二隄間之水已澱清，復注回汴渠也。——編者）其結果如何？（一）汴渠之水不至過高，以危隄岸。（二）漲水所含泥沙，澱於隄後，使河與汴之間地勢淤高。（三）清水注入汴渠，渠底不至淤積而反可刷深。惟其如此，故可使無復潰漏之患也。

至漲水由水門注入隄後，（汴渠黃河二隄之間——編者）何以能使之淤澱？則可以圖明其理：水由甲水門注入隄後，其流速 V_1 必較緩於正河（即指汴渠——編者）之流速 V。故甲門之水流至乙門時，（在甲門之下游——編者）正河之水亦已自乙門注入。（自甲門注於二隄間之水，因之不能自乙門注回——編是）隄後之水爲其所托，其勢更緩，且更向後漫旋。其所挾之泥沙勢必無力携帶，而盡捨於是，愈積愈高矣。此後世放淤之經所從出也。

落水之際，隄後之水，舍其泥沙而復競注於河之正槽，則使正槽之水量激增，而後以刷深其槽也。所謂更相迴注者，正是水門與彼水門更相迴注也。

景既導黃河由千乘入海矣，其最後一功，則使德棣之河復播爲八。此所謂疏導壅積也。蓋河流近海愈平，復有海潮之頂托，河水不免壅積於此，故疏之也。

德棣濊河之下游，王景播之爲八，禹疏九河，同一作用。

故王景治河，必有其切中肯要之處。以十里水門之法，固隄防而深河槽，以疏導之法，減下游盛漲。下游減則在其上游潰決之患自弛。本此法也故能使河一大治，歷晉、宋、魏、齊、隋、唐八百餘年。其間僅河溢十六次，而從無決徙之患。河工見於史書者，亦僅唐憲宗元和八年於黎陽開古黃河道一次。至昭宗景福二年，河從勃海北至無棣入海，唐亡而河亦遂多事矣。（二十四）

王景而外，則盛贊潘季馴之法，而悲其乏承繼之人，以致有人亡政息之嘆。

黃淮既合，則治河之功，惟以培隄堰閘是務，其功大收於潘公季馴。潘氏之治隄，不但以之防洪，兼以之束水刷沙，是深明乎治導原理者也。固高堰以遏淮，借清敵黃，通淮南諸閘以瀉漲，疏濟口以盡一入海之道，治河之術，潘氏得其要領。（一一）

以隄束水，其意甚善。蓋必有束水之能，而後有治導之效。若但以防氾濫，則寬縮無律，沙之停積失當，必致河道荒廢也。（一一）

潘氏靳氏之功，苟有以維持之，亦未嘗不可使河歷久不替，無如後繼者或怠忽將事（如決口不塞），或不知因時變通，人亡政亡，良可慨已！（一一）

潘季馴用蓄清禦黃，借清刷渾，及以隄束水，以水攻沙諸策，俱能深得水理，卒使海口深暢，挽既敝之局。惜其身後，所作盡為異黨所壞，致河槽淤墊，分黃改道之說又盛，及靳輔踵行潘氏之法，始復小康。（十八）

十五　贅言

民國十七年先生主持華北水利時，不佞忝列僚屬，得親教誨，半年後去職，先生旋亦南下。後每以治黃意見求指正，蓋嘗留意於斯，而未得其道也。二十二年五月，組織黃河水利委員會，承召襄助，時先生大病初癒，休養於西安文廟，面授工作計劃及進行步驟，促赴南京籌備。其後得隨從左右者二載餘。先生體力未復，各方請教頻繁，且值河道多事之秋，備極忙碌，故在汴之時少。不佞嘗與同人約曰：「瑣事雜務，吾輩之責也，應效奔走之勞，幸勿以煩先生。便於專心構思，致力著述，以作治河之指南也。」是以先生之黃河論文，大部作於此時。

民國二十七年三月不佞于役嶺南，驟聞噩耗，痛悼欲絕。人孰不死，獨恨先生之早逝耳。先生之學識經驗，已達成熟境界，凡所主張，若振木鐸，正領導羣倫，教育後學之時也。且我國河道與水文之觀測方始，尚不足資研究之依據，若假以年，則所定計劃必益具體，所有設施當更宏偉。是則應爲先生惜，爲國人傷，不獨爲友情悲也。

前在嶺南途中，即欲爲文哀悼，並資紀念，未成。返渝後，同志共議作紀念册，促爲投稿，即欲以編述先生之治河言論爲題。惟雜誌散失，書報不備，僅搜集數篇，半途而輟，迄猶耿耿。茲逢先生逝世三週年紀念，遺著印刷完成，乃得執筆，以償宿願。

先生之治河方法，以「黃河之根本治法商榷」，「黃河治本探討」及「黃河治本計劃概要敍目」三文爲骨幹。前者成於南京教授時代，後二者，作於黃河水利委員會任內。末篇實先生未竟鉅著之序幕，故僅有章目及其敍言。各篇意見雖稍有出入，而大旨未變，其餘皆可視爲三文之註釋。

附本章參考目錄：

（一）黃河之根本治法商榷
（二）治黃意見
（三）黃河水文之研究
（四）請測量黃河全河案
（五）黃河流域土壤研究計劃
（六）研究黃河流域泥沙工作計劃
（七）黃河應行興革事

(八)中國的水利問題
(九)三省會派工程師往德國作治導黃河試驗之緣起
(十)黃河治本的探討
(十一)黃河水利委員會工作計劃
(十二)導治黃河宜注重上游請早期派人測量研究案
(十三)關於治河之準備
(十四)溝洫
(十五)縱論河患
(十六)五十年來中國之水利
(十七)本年董莊決口救濟水患之先機
(十八)黃河治本計劃概要敍目
(十九)請由本會積極提倡西北畜牧以爲治理黃河之助敬請公決案
(二十)固定黃河河床應以何水位爲標準
(二一)固定黃河河床先從改除險隄入手議
(二二)利津以下築隄不如鞏岸論
(二三)韓城潼關間黃河灘地之保護法
(二四)後漢王景理水之探討
(二五)西北水利問題
(二六)黃河上游視察報告
(二七)治河罪言

（四八）電全國經濟委員會建議黃水入蘇補救辦法

（四九）電全國經濟委員會關番花寺民埝文

（五十）整理平漢路黃河鐵橋上游河槽計劃

（五一）黃河地質

（五二）關於治導黃河之意見

第八章　餘論

一　黃河與文化經濟政治之關係

黃河爲患，與歷史以俱來矣！患而不避，且與之相搏者何也？其利可圖也。利者何？廣漠之沃野，豐富之寶藏也。我華夏民族發祥於黃河流域，逐水草而居，地滿人稀，予求予取，了無限制，但覺其利，不見其害也。及人口日衆，部落成聚，田畝漸闢，河水偶漲，侵其資財，而禍遂作矣。然黃河下游大平原，西自邙山，東至溟海，北起津沽，南越淮泗，統爲大河携泥土累千萬年之淤積所成。濱地肥美，農業繁茂，故人樂其居也。但以地因水成，則水有再至之機。水至而患輒生，故欲範之於槽，導之於軌，冀其暫安。然爲期既久，河身淤高，或遇洪水之陡漲，或值隄防之欠週，仍不免於橫決。遂如蜂之分房，隨勢所之，聽其留連。如其宜也，則止之弗去，如其否也，則徙之他所。於此可知河之所以遷徙靡常者，勢使然也，所以爲人患者，侵其利也。至若指黃河爲禍水，爲敗家子者，是殆如佔人之田，主來而反誣之爲盜者乎？欲主之不來，必按時納租，租誤期而主來，不得怨也。是故欲防水患，必先治河，而善治河者，必順其性以導之，因其勢以防之，節洪水以殺怒，保泥土以清源，歲歲修之，時時守之，謀之於始，矢之以恆。則河患庶幾可減，而民得以安居矣。欲獲此效，尤應組織健全而有力之機構，籌謀充裕而時濟之財源，確立遠大而適應之目標，計劃安全而節約之方案。四者備始可以言治，而河道亦隨得以年有進步，漸臻康樂之境矣。

河患之嚴重性，不僅在於一時之氾濫，廬舍田畝之漂沒而已也。北方今日文化之落後，經濟之凋敝，較之三代兩漢之世爲何如耶？其故果安在哉？夫文化政治之基礎，在於經濟建設，而經濟建設之依據，則爲天然資源。北方之資源，果有異於古代者乎？前曾詳論於「黃河水患之控制」一書中，茲再撮要述之。

黃河下游，古多湖澤。如河南中部有滎澤，其東有圃田，開封之北有逢澤，商邱之北有孟諸，山東西部有菏澤、雷澤、大野，河北南部有大陸等是也。兩漢而後，日漸湮塞，迄明季而大部就沒。職方所記之浸藪，如菑、時、（幽）沂、沭（靑）謂、洛、（雍）汾、潞、（冀）盧、維、（兗）波、溠、（豫）等，祇餘川流。要亦可見古時浸藪之多矣。湖澤之分佈，與氣候及物產有關。湖澤多則水分足，空氣得以調，物產因之繁殖。故古多設官掌之，若川衡、澤虞、遂人，稻人等是也。其後則以黃河變遷，淤澱堙沒，其利失矣。卽以近例而論：山東運河八湖，乃濟運之水櫃，今只有微山南陽而已，豈非明證？

雍州古稱天府，「厥土惟黃壤，厥田惟上上」。祇因後世不愼，森林濫伐，農作失當，保護欠週。遂致地面暴露，表土走失，溝壑遍野，土地貧瘠。而此大量之泥土，乃運之黃河下游，隨沖隨積。而冀、豫、徐、兗之地，有者因之固可淤肥，有者則佈砂起瘠鹹，農產不生。蓋淤[illegible]鹹地之所由成，全視水流情勢而定也。沿海鐵路自東海以至鄭縣，極目瞭望，所見非皆亮之鹹鹵，卽風捲之輕砂，不毛地也。

上古之運輸，以黃河爲總幹線，禹貢言之詳矣。其後建都燕京，交通乃以運河爲主，黃河爲輔。迨海運大開，輪船之構造日精，黃河如故，難行巨船。於是此四千年之交通要道，遂歸廢棄，欲不衰頹，其可得乎？

我國古以農立，黃河之遷徙靡定，土地之肥瘠屢易，房產之漂沒時聞，人民苦難安居矣。在人口稀少之時，倘可捨瘠就肥，擇地而處，其後自不可得。舊五代史莊宗本紀載：「同光三年，兩河大水，戶口流亡者十四五」。若謂黃河驅逐人民以南移，不亦宜乎？今者長江流域人口佔全國之半，黃河流域較之，相形見絀矣。故欲恢復黃河流域之經濟建設，首當治河，河治而後民得安居，農業以興，交通以復，工礦開採，寶藏發掘，北方之文化政治自可蒸蒸日上也。否則俱成空文。三十二年夏，暴日在天津報紙宣稱欲謀經濟建設首在治河，若不能使黃河就範，卽不配領導中國。惡意侮蔑，自屬可恨。然大言欺世，自亦冀其能以收買人心，安定社會。

然國家應興辦之事業多矣，豈能盡待河淸而始着手耶？否否！經濟建設，經綸萬端，若農，若工，若貿易，若交通，並將推進，不可偏廢。惟是各項事業，又包括若干種類，散佈不同地域，今舉任一單位而檢討之，未有如黃河治理之困難，關係之重要者。是則願國人特為注意，政府多加致力，為適當之處理，施格外之籌劃，俾以特種事業視之，列為中心工作之一，不敢以偏激見之，是一時之快論也。

二　組織健全而有力之機構

治河為國家事業，自古設官掌之。上古之時隸於司空，秦設都水長丞，漢置水衡都尉，晉設都水使者。宋孝武帝以後立都水臺。隋初有水部侍郎，屬工部，並改都水臺為監，煬帝又改為使者，尋又為監，領舟楫河渠兩署。唐工部尚書掌天下百工屯田山澤之政令，水部屬之。宋、元、明、清率多因之。唐宋於工部之外，復設都水監，總河渠諸津監督，元置河南山東都水監，專司黃河疏塞之責。明設河道總督，及漕運總督，分司治河利運，迄至清季。位高權重，極盛一時。迨至清末，海運漸開，河道北徙，裁革總督，而分由各省巡撫兼管。古時治河似由各官兼掌，待興大工，始派特使治之，多屬臨時性質。後始設專官司理。然欲成大功，立大業，無論其為特使，或為專官，必擁高權，始能指揮自如，必專信任，始能放手作去。考試院院長戴公語不侫曰：大禹治水成功之主要原因，為其有無上之威權，超越之勢力，故能發動全民，指揮諸侯，克奏膚功。旨哉言乎！其下若賈魯潘季馴輩，又何嘗不然？

元至正九年冬，脫脫既復為丞相，慨然有志於事功。論及河決，即言於帝，請躬任其事。納都漕使賈魯之言，挽河東行，回復故道。工部尚書成遵等視河還，力闢其說。乃出遵為河間鹽運使，命賈以工部尚書為總治河防使。進秩二品，授以銀印。發軍民十餘萬供役。一切從事，大小軍民，咸稟節度，七月而工竣，此其例一也。

潘季馴於明嘉靖四十四年受命總理河道，其職權可於敕諭中見之。諭曰：「今特命爾前去總理河道，督率管河管洪管泉管閘郎中員外郎主事，及各該三司軍衛有司掌印官守巡並管河副使，臨淸沂州大名曹濮等處兵備等官，時常往來親歷，多方經畫。……一應合用工價人夫椿草等項，查照該部題准事理，俱聽爾便宜處置。若事關漕運者，與各該撫按官計議而行。事體重大者，奏請定奪。承委官員果能勤勞幹理，著有成績，爾即薦舉擢用，其不遵約束，乖方誤事，及權豪勢要之家，侵佔阻截，違例盜決河防，應拏問者徑自拏問，應參奏者參奏治罪。……」可見明時總理河道之職除掌理河務外，兼有軍事民政之督導權也。然此僅爲河道總督之一般權限。迨萬曆四年，潘氏三起治河之時，其職權更爲提高。諭曰：「今特命爾前去督理河漕事務，將河道都御史暫行裁革，以其事專屬於爾。其南北直隸山東河南地與河道相干者，就令各該巡撫官照地分管，俱聽爾提督。……區處合用錢糧，及選任司道等官，俱許以便宜奏請，給發委用。功成之日通將效勞官員，一體分別陞賞，如有抗違不服，及推諉誤事者，文官五品以下，武官四品以下，徑自提問，應奏請者奏請定奪。其提督軍務事宜，查照河道衙門原管行事。……」合併漕河，以一其權，提督巡撫，以崇其職，文官五品以下，武官四品以下，徑自提問，以張其勢。歷三載而工竣。潘氏四任，其功業以此次爲最者，非無因也。

論者曰：治河亦猶一普通事業耳，其經理組織何須繁雜若是？曰：治河之事，有成有敗。其成也平靜無華，人雖不覺，而食其惠。其敗也隄岸潰決，澎湃千里，災及兼省，漂沒數十縣，有如暴敵之突襲長驅，國土之侵蝕淪陷。是成敗影響之巨，責任之重也。而河水猛漲不時，自須加意防守，有如臨陣之軍士。然守兵有限，必賴地方軍政長官之協助，始能收防禦周密，消息靈通之效。設遇急險，更須發動民衆，俾鄉里相助之意，合力抵禦。是防禦安危之機，關係地方之切也。水文有季節，則施工有限制，凡多興修必定期完成，否則前功盡棄，不可稍事遷延。而河程綿長，所需工料動輒巨額，非特於短期間所可募購，亦且無可募購。故非地方之軍政長官協助處理，殊能爲力。是經常興修之繁，賴於軍政之助也。若遇緊急之措施，匆促之際會，工料皆不湊手，時機稍縱即逝者，則必有隨機應變之權，指揮督導之力，始克挽回頹勢補救萬一。是緊急處理之際，行政權力之要也。是以治河機構自古多兼掌軍政之權，或軍政機構臨時聽其節度。潘季馴之言曰：「州縣正官，職專親民，故易驅而事易集也。奈何相沿之弊，視河患如秦越，視管河官如贅疣。即以分司部屬臨之，虔如也。妨工債事，實由於此。」靳輔之言曰：「若夫河道一事，攸關民生休戚，地方安危，良非渺小。凡膺民社之寄者，皆當曲突補救，力爲保護，不宜徒委河官，坐視敝壞，如撥夫運料等事，在正印官有人民地方之責者，設法自易。其管河同知通判佐雜等官，與民絕不相親，於錢穀刑名街坊里下諸務，毫無關涉，安能設施？且府州縣之正印官往往視務爲餘事，等河官爲贅疣。每有漠不相關之狀，而無同舟共濟之情。雖遇疾呼，未必馳救，以致掣肘誤工，不一而足。」可見府州縣官與河防關係極爲密切，凡治河者，必能使之負責處理，始克奏效。

此我國歷代治河制度之大略也。特使之制，自不如專任之官，蓋以專任不祇經常負責有人，而且歷久罵經，知河之悉，故能防之週也。兼管者每以他務牽纍，或以分身乏術，或則互相推諉。故治河機構自以專管爲宜。分省而治，自不如總管設防。蓋以總管既可免以鄰爲壑之端，復能籌正本清源之策也。

河自清末由各該省巡撫兼管後，於民國初年先後設局，分省爲治。中央則由內政部主管，無統理之專管機關。民國十八年制黃河水利委員會組織條例，始有籌設黃河專管機構之議，然未成立。而治理黃河事宜，遂由建設委員會統籌辦理。二十年復移歸內政部主管。二十二年黃河水利委員會成立，直隸國民政府，旋又改隸行政院。會址奉令設於西安，因魯豫兩省主席之請，乃於開封設辦事處，實即總部所在也。二十三年全國水利事項改隸全國經濟委員會辦理，遂於十二月改隸該會。二十七年一月，行政院添設經濟部，並接管水利事業，遂又改隸。嗣有組織水利委員會之議，惟行政院爲節省戰時人力財力起見，先於院內設置水利委員會管理全國水利事務，經濟部遂於三十年九月將主管水利事業移歸行政院，而各水利機關亦即改隸，並受水利委員會監督指揮。

黃河水利委員會之組織法亦數經修正。其職掌爲「掌理黃河及渭洛等支流一切興利防患事務」。是黃河幹支各流興利防患之責任，統由該會負之也。其組織「設委員長一人，副委員長一人，特派，委員九人至十一人，簡派。沿河各省政府主席爲當然委員，其負河防修守職責，協助本會辦理各該省有關黃河河務事宜。委員長因尋不能執行職務時，由副委員長代理之」。但事實上負會務實際之責者委員長一人而已。會內設總務、工務、河防三處，祕書、會計、人事、統計四室。總務處置處長一人，簡任；科長三人或四人，薦任；科員二十四人至二十八人，委任。工務處置處長一人，簡任；技正九人至十一人，四人簡任，餘薦任；技士八人至十四人，四人薦任，餘委任；技佐三十人至三十六人，委任。河防處置處長一人，簡任；技正四人至八人，一人簡任，餘薦任；技士六人至八人，二人薦任，餘委任；技佐十二人至二十人，委任。祕書室設祕書主任一人，簡任，祕書二人，薦任。更有會計室主任，人事室主任，統計員各一人。並得酌用聘僱人員。關於河防之事，則按省分為河南及北及山東三修防處，隸屬該會，負責修守。其他更可就事實上之需要，設立工程處及測量隊、工程隊、水文站等，如已於蘭州成立之上游工程處，及各隊站區所是也。更規定「本會執行主管事務，各該地行政機關及駐在軍隊，有協助保護之責」。乃通則也。

黃河水利委員會之組織在法條上觀之，殊為完善。惟對於工作之性質，歷史之背景，時代之需要，似尚有探討之餘地。

治河工事，上下游不同，而興利與防患者又不同，各有特性，亦各有其環境。以該會之組織言，凡有工程設施，最宜於採用包工制，即於計劃完成之後，由公 投標承包辦理之也。此在興利之工程，或無患之地段當可行之。若就河防工程而言， 則其性質特殊。以現况論，似有不可者。 蓋以河防工程須於短期內鳩集大批工料，冒險犯難，作緊急之處置，如作戰然，則有不便採用包工之制者矣。迨至若干年後，黃河稍就約範，而工程徵具規模時，或可採用，然非所以言於今日類似荒溪之黃河也。次之為長工制， 即招募足額工人，長期僱用，以任隨時興修之責。然工程有興止，季節有緩急。工額足經常之用者，則短於臨時之需，足臨時之求者，必浮於經常之事。不特延誤，且欠經濟。故備經常防守之兵額則可，以言興修則長工之制不可採也。再者為招工制及徵工制，招工制者，於需要之時，以市價招募之也。徵工制者，或於農隙勞役服務，或當緊徵發調遣，或則飲食全由自備，或則政府加以補助。二者之用，則又視工程與經費之程度而定。所謂工程者，例如水漲搶險之時，非河兵及短工之所可救護者，則必須徵調民夫相助為理。所謂經費者，如預算核定，籌得鉅款，則民有勞力，即應予以報酬。然無論其為招工為徵工，則必賴地方軍政之協助，而現在主管機構之行政力量微嫌不足也。至若在工程之方法未能改進以前，所需物料亦仍舊貫時，則物料之鳩集，有賴於地方軍政之協助者，較之工夫尤為切要也。

我國古時大工之興，雖曰募夫，實賴徵工。行之者數千年，社會習之，人民安之。然在國家預算限制之下，經費有定，而在工程需求迫切之際，工料難減，徵工之制自亦不得已之圖也。再則民夫之工作效率極低，徵夫三人不及招包一工。即或按工給價，亦每不足供食用之needs，是則仍須攤款津貼。此乃歷代相沿而今日仍守之者。惟因是而事務煩瑣，糾紛橫生，欲謀解決，又有需於行政力量者也。

昔年各省黃河河務局之地位頗高，除河北省外，局長皆為簡任。對於沿河各縣縣長，皆以命令行之，治河功過，列為考成。黃河水利委員會成立之初，河防之事仍由各省分管，受該會之監督指揮。嗣後各局取消，改為各該修防處，直隸於會。遇事對各縣縣長或由會直接令之，或由處仍沿舊例以令行之。設遇重大事故則由會函省政府協商辦理之。其後為調整系統起見，非主管之上級機關，不得對縣長直接發佈命令。而縣長之考成，建設事項僅佔百分之十五，治河又為建設之一部。故河務之困難，亦因之增加。縣長即潘靳所稱之「正印官」，其論詳矣。要之，治河之工具，防河之料物，須隨工業之進展而改善其使用，治河之人員，修守之工夫，須隨教育之普及而提高技能；經常之開支，臨時之使用，須隨經濟之建設而充裕其來源；水流之利導，隄岸之守護，須隨工程之增進而獲得其成就；然治河未達小成之境地時，河防之事，必須有賴於地方軍政長官之協助也。

河防統由黃河水利委員會主管之後，適逢抗戰軍興，河道改流，各項工作，多賴臨時組織機構舉辦，以補救該會行政力量之不足。小則由修防處與各行政督察專員公署，及駐軍部隊合組之，大則由會與省政府及戰區長官司令部合組之。三十二年迭次漲水，於麥收後，該會即與河南省政府及魯蘇豫皖邊區總司令部合作，發動民工四十萬，於二十日內，將豫境西隄一律加培頂寬八公尺至十公尺不等。並會同組織「[illegible]理豫境黃汜臨時工程委員會」以備秋後興工。此皆所以補救治河機關力量之不足，而通融辦理之者。

修防處本身之組織亦極薄弱。每段轄隄百餘公里，而每公里之守兵，平均僅約一人。較之明清每華里多至五人以上者，自又相差遠甚。

故欲治河順利，則必加強主管機關之行政力量，或變更現在行政系統，使沿河之專員縣長與主管治河機構發生直接聯繫，並側重其治河考成。或劃沿河各縣為一區，由主管治河機構兼掌行政之事。美國興辦坦納溪河水利，即劃定區域，設立坦納溪流域管理公署（Tennessee Valley Authority），其效特著，故美國更擬推行之於其他流域。此計之上者。若將黃河下游河防之事，另組機構掌之，設於下游之適中地位，置主官，而以有關之省政府主席副之。對於某省行文時，由該省主席副署。至於其他興利之工，根治之策，則由他一機構掌之。如是則河防之責專，而收共濟之效益，但在工程管理上有割裂之弊。此計之次者。若平時能以指揮親民之官，有工則聯合軍政當局臨時組織機構協力舉辦之，亦可收衆擎易舉之效，但事繁而效低。此計之又次者。

三　籌謀充裕而時濟之財源

自古視治河為浪費，所謂「日費斗金，不敵西風一浪」者是也。然專制時代，雖事事供求於民，惟治河則時發國帑，其重視河務可知。然人事變遷靡常，河道治亂迭易。太平之世，經常之費或可時予接濟，而大工興修，亦每感財源之枯竭。故潘季馴有改折漕糧之議，徵解鹽捐之請。而靳輔亦奏請被潦田畝繳納修河費，運河貨加納剝淺資並開廣武生納監之例，以各項收入作為治河之用也。蓋工少底款，費無可撥時，主管機構每欲自謀來源，以利河務也。然工程之興修，又每因經費之限制，不能依計而施，僅可就款作工。是工程之大小，又須視籌款之多寡而定。明陳潢之言曰：「故深於為國計者，不可圖一時之省用，而遺旋修旋壞之慮，不可顧目前之易完，而致垂成垂敝之咎」。又曰：「大臣公忠為國，當計其大者遠者，不當於當用而節之，以留國家異日之患，並累蒼生復罹漂溺之災」。此固足爲治河估計之準繩，然款項無着，徒喚奈何而已。潘季馴曰：「洗鍋待爨，不可時刻緩者，而帑如懸磬，將何以支」。籌款之難，可見一斑矣。

今世制度更新，法規完美。國家之收入有預計，開支有決算，統收統支，按規可循，請領請放，依期而行，故理事者無籌款之勞，實施者有及時之功。年來河事，歲需鉅款，而供應不竭者，固以法制良善，亦國家軫念河工之重要，而特爲體恤從寬撥發也。惟國之立法，乃以大衆爲對象，其間有因環境非常而須略事變通者，黃河其例也。

大凡經常之費易籌，而臨時之款難撥。經常者可預爲計算，臨時者須隨時追請也。然預算年度必隨時憲年度爲終始，對於治河頗不洽當。今年預算，須於上年秋季編竣。時值大汛方張，河勢水情之變化莫測也。欲合實際之需，則必於霜清之後，河水歸槽之時，計劃修繕添鑲之數，編製預算，據以請款。然爲期過遲，已失預算編造之時矣。再者料物之購儲，工具之製備，必於冬季爲之，而工程之修築，亦應於凍解之初舉辦，俾於汛前完成。而年度預算之核定，多在新年一月以後，又以交通隔阻，公文輾轉，核定通知有至三月間始能遞達主管機關者。至於款項之撥發自必更遲。籌購興修既已延緩，焉能期其及時報竣？尤有進者，主管機關之擬具計劃，編造預算，乃以主觀之見，籌劃掌理之工，未計及他。而國家之審核規劃，統計預算，則須兼籌並顧，依要支配。除經常例行之開支外，輒有增減。尤以工程需款較鉅，出入更大。河工既爲時間所限，如候預算核准，始籌備興修，必致誤事，如先由地方政府徵調辦理，而所領之款，輒因預算核減，難抵工需。是經常工程費用之不能應時需也。而黃河工程變化萬端，臨時需求，每非預料，且數鉅需急，挪墊無由。依照手續，編具計劃，呈請追加，迨彙核准撥發，每致遷延歲月，時機坐失。是臨時工程費用之不能應時需也。惟國家之會計制度，實無可疵議，然欲求其適合於性質特殊之河工者，自必有補救之策也。

三十一年冬，軍事委員會委員長蔣公手令提前撥水利經費，內開：「凡已核定之水利經費，與四行已訂之水利借款等，務希於明年一月以前如數提先撥付，以便於冬春季內，趕工完成。若春季一過，則水利事業，即將無法興辦矣」。委員長於日理萬幾之餘，特頒手令，指示此點，重視水利，深悉底蘊，可以知矣。故敢再就充裕財源者，略具未議，以作芻蕘也。

竊以我國治河，鮮有考慮其經濟因素者。或以年久不治，發於帝心之慈悲，出於庶黎之請求，派特使修之，或以特種需要，設專官籌帑以治之，明清之利運是也；或以河道壞敗，民不聊生，藉治河以彰功德，元之脫脫是也；或以河事為政爭之具，宋之兩河爭議是也。以恩澤為目的者，僅能治河於一時，以利運為目的者，僅能治河於一段，以彰功為目的者，僅能治河於倏忽，以政爭為目的者，直敗河耳。故歷代治河多行搶救補苴之策，鮮有防患未然消禍無形，視為經常業務，年久不替者，以未顧及經濟問題故也。

欲防水患，必先治河，前已言之。故治河乃吾人之義務，非額外之苛求。既屬義務，則出錢出力而民不怨。然必有可依之保障，與應獲之利益。此則治河之目標與方案須先擬定也，容後論之。茲所欲言者，乃因防患所得之收益，與利所獲之盈餘，業主應權衡多寡，而有所輸獻於國家也。論者或議是將增捐加稅，以虐民者。事未盡然，請先舉一二例以明之，平原南北，鹹鹵不毛之地，隨在多有，鄉間事農作，所入亦渺。設能改良其土壤，充裕其水源，變此無涯際之石田為沃野，其有補於國計民生若何？然整理之法，經營之工，必配合於治水之道也。又如沿河荒田，濱水沙渚，何計其數，若聽人民自由墾殖，必礙河流，若置之荒廢，蔓草叢生。如輔以約束水流之策，勵辦河槽之工，於無礙水道之處，培植林木，其收入為何如耶？如能因以上之設施，而獲富國利民之效果，則其地之屬民有者，除繳納國稅之外，准由人民合組團體，按畝抽款，存儲保管，專為治河之用。其地之屬國有者，全部收入，提取一部，設財務委員會保管，專為治河之用，餘數解繳國庫。至若河有保障，而減潰決之患，則下游人民，（不僅沿河各縣）特為輸捐，專設機構保管，不與國稅相混，作為治河基金，自非為苛。陳潢因河水多年淹溺之區漸次涸出，倡屯墾議：「帑金之耗於河工者無算，可即涸出之土田，開屯收息，以償庫項。後日者屯租積儲漸多，又可備防河之費。是則國帑可節，且兩河無業之民招之播種，又使各安其生」。實自給自足之道，惜未行也。

治河一經常之工作也，必歲歲修守弗替，而後可獲防患之保障。每見國數年之平定，輒以為無憂，人心懈弛，工程疏忽，必繼之連年大災。及感災害嚴重，又急謀治理，積累既久，隄高岸固，又獲小康。往復如是，如走馬燈之旋轉，永無盡期，亦絕難改進。我國治河數千年，反復只此一頁歷史，故迄今黃河仍保存原始狀態之荒溪也。言念及此，曷勝浩嘆。故欲使河治，必視為經常之事業，欲施經常之工作，必有充裕而時濟之財源，尤以在建設之初期為甚。如行自給自足之道，以河養河，而款不虞缺，工以時興矣。款由人民自籌，出納由官民合理，款無虛糜矣。歲有報銷，公開審核，弊無由生矣，此計之上者。

若夫預儲款項一宗，以應河工之需，即將本身開支之數，於次年由國庫補足之。如此係第一年籌撥基金，專案存儲，由上級機構保管核發。其後每年即可按預算編製辦法，抵補上年支出之數。既與現行辦法無大抵觸，且可收時濟之效，此計之次者。

至若以本年所領款項之一部，作為來年之開支，亦可稍補事實之缺陷。如即以本年之款，冬日購料，來春興工。及至次年工款到後，除用於防汛者外，餘如往年。按諸現行制度，工款在本年之未能用完，而工程仍繼續者，可以聲請移轉下年應用，故在手續上亦無不合之處。然每年之河情不同，上年之預算或難適合下年之用，且難補救臨時開支所不及，此計之又次者。

四　確定遠大而適應之目標

治河之目的有二，一曰防患，一曰利航。至若溉田，灌淤，開發水力，則為水之利用，應就其環境之適可者興辦之，其不能利用者聽之。航運亦受河形水勢之限制。我國內部有兩大水流，長江為深邃之水道，黃河為淤淺之濁流也。長江雖未大整理，而輪船可自海口上溯，以達四川之宜賓，約二千八百公里。黃河雖為古時航運幹線，但其時貨載輕微，凡勉可浮船之水，皆足以供需求，而非所以言於今日也。黃河雖間有木船行駛，然以大河流域之人口，及現代社會之需求衡之，直可謂之不通航耳。黃河平時水流充沛，中游峽谷一帶，下游孟津而東，河勢均極平穩，倘不行載重之船者，河道之未整，人事有未盡也。尤有進者，雖在河形水勢不利之地帶，如爲國家所需，亦可以渠化之法通行輪船，各國行之者多矣。至若巴拿馬、蘇伊士及我國運河，直是平地開河，僅藉適量之水源以濟之。故極端言之，黃河之水運，可有無限之發展。惟就經濟之立場言，則應分段分年，逐步實施。建設初期，如能使寧綏一帶，韓城潼關間，及孟津以下，通行淺輪，洮河口至金積，河曲至韓城，及潼關至孟津，通行較大帆船，並於皋蘭、中衞、甯夏、包頭、河曲、韓城、潼關、鄭縣、開封、濟南及利津等地設立轉運總站，以與鐵路公路及海運連繫，斯亦足矣。至其支流之大者，若洮、若湟、若汾、若渭、若洛、若沁等，使各能配合其入河地段之運輸，則亦可矣。

至言河患，每競相問曰：治河有無一勞永逸之策，常使隄保瀾安？輒反詰之曰：治國有無一勞永逸之策，長保國泰民安？一木一石，靜止物也，不加守護，尚廢敗毀。一路一車，單純物也，不時修繕，數年即敝。況以無常之水性，善變之沙岸，而欲一勞可治乎？且所謂治者，意義果如何乎？不得不明辯之也。

黃河自周定王五年改道之後，平均計之，每二年必一爲患，可謂頻矣！然亦有連續三五年平安無事，豈得謂之治乎？亦有連續三五年潰決泛濫者，豈卽謂之亂乎？治亂之因，前文詳之，循環因果，雖收短期之小效，旋復敗壞無餘，雖蒙暫時之泛濫，旋卽調整平康，其與河道治理之影響果若何耶？例如立國，雖治亂不定，設其文化經濟隨時代而進展，其國必強，苟能長治，益增富庶。設治亂不定，而其文化經濟亦因之停滯，甚或墮敗，其國必衰，苟復久亂，定遭滅亡。是以治河之成績，亦不可僅觀一時之治亂，要察其治亂之原因，與夫在治河之策略上，準備上，建樹上，有無奠定河患之新趨勢，表現治績之新數字。雖曰治河之目的在於防制水患，治河之原則在於標本兼籌，然防治之程度若何，兼籌之方法如何，實有待於探討者也。

治河須考慮經濟問題，前已論之。是以治河有如經商，欲有投資，先計利益，不合則罷，合則投資之多寡，以最合算之獲益爲定奪。反之，獲益之多寡，要視投資之情形而定。若河防工事所保護之地爲都市，爲工商區，則設防應極鞏固，若爲田畝，爲風景區，則應相當鞏固，若爲荒原，則不必深加注意矣。是保護之對象，影響於防護之程度也。水流漲落，雖無規律可循，但經長期之統計，可得知其大略之性質。例如某種水量爲每五年可能一遇之洪水，某者爲十年、二十五年、五十年或百年可能一遇之洪水。依此結果，吾人卽須進一步研究治水之對象，爲以五年一遇之洪水乎，十年、二十五年一遇者乎？防五年一遇之洪水者，其工程需款若干，十年者、二十五年者若干，更與所保護之資產相較，何者爲得？蓋以能防五年一遇之洪水，倘逢十年一遇之者則有危險，此應權其輕重者也。准此以爲計劃之標的，而定籌款之預算。明乎此則知雖善爲修守，亦難永免水患。設以五年之洪水爲禦防之對象，不幸而連逢三年超越此數之洪水，亦或屬可能，如此則有三年之危險，此所謂治河之成績，不在一時之治亂也。

論者曰：河之不得長治，其不終可悲乎？誠然不如永除水患之爲愈也。然過去二千年間，平均二年一次潰決，設於初步治理之後，以長期計之，進而爲五年或十年一次潰決，豈非長足之進步哉！所謂確立治河之目標者，並非永除水患，而欲於長期之統計中，減少爲患之次數，減低每次之損失。普通治河，除都市及工商區外，亦多以二十五年一遇之洪水爲防制之對象。雖富庶之國，久治之河，倘無多奢望，況我於積貧之後，整理荒溪之河耶？尤有進者，河經治理之後，如能修守改進以時，雖有潰決，其災情必輕，是則損失之多寡，又非可僅以潰決之次數爲度量者矣。

言及經濟，我國歷代對於治河之消費，雖曰發國帑以治河，或曰竭全國之力以事河，但事出非常，鮮有之舉也。以普通情況論，每年經常工程之開支，較之所保護區內之田畝，平均每畝爲若干，每人合若干？卽以大工論之，均之爲若干？若詳爲計之，投資之數額必遠在水準之下。此亦或爲一勞永逸之念所誤，投資薄而欲獲厚利，是妄想也。何怪何患之頻仍？

觀察潰決次數之多寡，及其損失之輕重，固可以驗治河之成效矣，然此其結果也。今有在治河進行之程序中，結果尚無所表現，或微有表現，而卽可自此推其究竟者，尚有二點。二者何？洪流之節當，泥沙之減少是也。

竊嘗論之，黃河為患之原因，關於其本身者有二，洪流來去倏忽，泥沙携帶過多是也。黃河漲水，冬在冰溶之時，春在清明左右，稍漲旋消。迨至七月小暑，水始漸漲，直至十月霜降，水方落槽，是為大汛之期；惟在此期間，河水漲落倏忽，難以捉摸。例如一日之間水流可自五千突增至一萬五千秒立方公尺，復一日繼漲至二萬三千秒立方公尺。及至極峯，四日之內，降回原數。（民國二十二年八月八日至十四日陝縣記載）此等倏忽性質為小河所常有，大河所僅見也。故在大汛時期，水文曲線圖上所示升降之情況，宛如奇峯插天，兵立劍排。以其來之驟也，防禦難及，以其驟且巨也，準備失週。當夫流之洪來，刷深河槽，淘及隄根。以其去之速也，未及搶護，水面驟落，正流頂衝，益增危險。欲救此弊，必有節蓄之道，使水之來也徐，去也緩，河有容而岸無刷，則患可減矣。至於黃河所含泥沙之鉅，言之驚人，亦可以例明之。陝縣最高含沙量記錄為百分四十六。（民國三十一年）譬之有水土相混之泥水一桶重百斤，泥約佔其半。大河滾滾，黃泥滔滔，豈能以流水視之耶？然此僅就最高記錄言之，且多在大汛之時，冬季稍輕。若就四季平均計之，黃河含沙量約在百分之二與四之間。民國二十三年陝縣觀測之結果，全年黃河輸送泥沙之總量為十四萬五千餘萬立方公尺。若以之築高三公尺，寬一公尺之牆，可繞地球赤道十週。古人以「海晏河清」為太平之預兆，「正本清源」為徹底之表示，吾人治河當亦知所努力，而謀清源之策也。

既已知病源之所在，即可決根治之方策。首應考察河槽所能容納之安全流量，或計算整理後所欲使容之安流量。超於此數之洪流，節蓄於孟津之上游，此所應定之目標一也。泥沙減少一分，即可收一分成效。但亦應研究可期之限制，以為施工之準繩，此應定之目標二也。今假設洪水流量由二萬三千秒立方公尺，因節蓄之故可減為一萬立方公尺，年度平均含沙量在初期建設中，由百分之三．五減至二．○，雖未達最後之標準，然在進行之過程中，獲此效果，實亦百世不磨之功矣。此則治河目光之所應放寬，而勿拘牖於下游之隄防，亦即所謂遠大而適應之目標也。

五　計劃安全而節約之方案

客曰：「不與水爭地，束水以攻沙，二者孰爲治河上策？」曰：各有其適用之地，亦有其適用之時。用之得其當則效顯，非其機則事敗，不可執一而論也。君不見夫藥乎？柴胡與黃連性各不同，然對其症，定其量，皆可醫病。故善爲醫者按病下藥，藥固無分乎上下也。善治河者因勢致宜，隨機應變，法有成規，運用在人也。

然則今日治河之原則若何？曰：在下游須謀河槽之固定，暴漲之疏洩；在上游應籌洪水之節蓄，土壤之保持也。害在下游，病自上源，如人因血液受毒而生瘡，治瘡與清血必同時並舉，不可偏廢。古多致力於治瘡而遺其本，瘡不可得而治也，況未盡其道者乎？

黃河攜帶巨量泥沙，洶湧下洩，及出山峽，坡度平坦，水流漸穩，隨處淤澱，載輕流利，遂又冲攜，如此取捨，而釀成下游河槽波譎渦詭之變化。自上下言之，暴洪漲落之際，水面固隨之升降，而河底亦因之起伏。水之來也，河底有頃刻刷深六公尺者，（二十二年平漢鐵路橋下）水之去也，旋即淤墊恢復原狀，甚或較原底爲高。自左右言之，河槽蜿蜒遷徙於兩隄之間，忽左忽右，隨冲隨積，朝岸而夕河，秋釣而春耕。雖在小水猶復如是，若至大水漫灘，更無論矣。試閉目思之，即在同一地點，數日之內，河槽忽刷爲深潭，忽淤成淺灘，甫沿左岸以洩，旋傍右隄而行。底如爐火，河如遊龍。如此河道，若不能約之就範，何以言治？是以固定河槽最爲首要。隄岸爲河槽之外圍，亦可稱其一部，治理之法，互相連繫也。

以言河槽，則有單式複式之分，以論隄距，則因容洩多寡而異，此爲下游治導之先決問題。以今日研究資料之缺乏，固難得切實之解答，且此等決議又與上游之整理有密切之關係。以現在黃河之水流性質言，不宜於單式河槽，但經治理之後，洪水有節，灘岸高長，則又以單式河槽爲便也。是治理之初期可採用複式河槽，時機到時，則改爲單式者。在治導進行之中，即可以此爲目標，而定其設施之計畫也。至於隄距則又因地勢高下，坡度緩急而定。河南及魯西一帶兩隄相距極爲遼闊，不虞不足。濟南而下，隄距則在一與二公里間，且有不及一公里者，爲太窄耳。魯西復於隄內築隄，普通稱爲民埝，實與大隄無異。民埝間距約七公里，亦當足用。至於複隄之制，實較單隄爲優。並應於兩隄之間，加築橫隄，彷明時縷隄遙隄格隄之制，即所謂「重門待暴，增縷禦塞，」是也。今不特利其堅守，且可建築閘壩，以時放水，使澂漾於兩隄之間，節納洪水，落淤長灘。前言改良大河南北鹹鹵之荒地，即爲採用此法，沿河加修大隄數道，分期輪灌。以近代之建築材料及方法言之，閘壩引水，當無潰決之虞，操縱開關，亦少偏枯之弊也。惟各隄之修守必加以同等注意，非可僅及臨河一隄而他皆聽之也。故每年之檢查，及時之修培，大汛之守護，皆應一如正隄。蓋最後防線一潰，即不可收拾矣。如是雖增加費用，然所得者厚，必不當吝玆屑屑者，自無疑義也。

河南之隄距雖寬，但不可於施治之前而先行縮窄。廣武中牟一帶，南北隄相距約二十三公里，長垣考城一帶亦相若。河道既治之後，必不須如此寬大之河槽。但今則不然，此人爲之水庫，備非常之水，漫灘薄隄時之有所容蓄也。

疏洩暴漲爲於洪水高達危險之時，分洩之以殺其勢，意在減水，非分流也。其法可用溢洪堰（即減水壩）或節制閘。惟下流應有排洩之路，以免漫水區域之長期積水。黃河下游宜於疏洩之地頗多，蓋以多屬平原，隨處有故道也。此等有計劃之疏洩自較潰決之損失爲輕，實應有之權衡也。

至於治理程序中所應有之設施，若護岸工程，護灘工程，堰壩閘門，杜塞歧流，裁灣取直等，以及河槽之大小，閘壩之位置，複隄之經歷等，則不詳論矣。

節蓄洪流之法有二，一爲於幹支各流修建攔洪水庫，一爲於山野田畝舉辦蓄水工事。攔洪水庫之法，歐美已多採用。世有論黃河不宜於此者，以其流域過廣，携泥過多故也。殊不知黃河流量雖可高達二萬三千秒立方公尺，然爲時甚暫。即以此次漲水而論，其超越一萬秒立方公尺流量之總累數，不過十一萬萬立方公尺。設以一萬秒立方公尺爲下游河槽安全之流量，則水庫所須容之水量爲十一萬萬立方公尺。如於陝縣孟津間就勘定之地址建庫，當能容納之。庫水陸續下流，不久即空，無虞下次漲水之重疊。至於淤澱，實爲可注意之問題。但就近壩處之平均流速而言，仍尚有携沙能力，近涵洞處之流速益大，必無淤塞之虞。水峯落後，清水加入，亦必可協助冲刷。惟水庫之淤墊，亦爲事實上所不能絶對避免者，故其使用之年期有定限。且一庫僅可控制下游之河流，而各支流及上游之禍患仍所不免，故須擇定地址，多所設立也。

西北地多黄壤，吸收水分之能力極富。且雨量稀少，田苦乾燥。如能善爲設計，使雨水保留田間，不特洪水減低，而農產亦可獲益。據觀察武功農田，雖有百分之十二之坡斜，於二十四小時平均降雨四十公厘，雨量密度在每小時十公厘以下時，並無逕流。稍事改進，必得奇效。節滾滾如逝之流水，灑芊芊如油之農田，豈非一舉雙收之利哉！水不下行，焉有冲刷，蓄水即所以保土，一工而兩效著，斯亦計之得也。至若谷壑溝渠，水土之所集也，如於此處着手，作節流防冲之工事，即可防土入河，節水緩流，雖與農益無多，然亦治河之本也。

節水保土之法，就其工作性質，可分工程與農事兩種。其關於工程者，則爲於田間修治溝槽堰埂，於谷壑建築壩坊障礙。田野之上，相其形勢，略順等高之地，修造淺緩溝槽，即以其土培置下緣，築成平緩堰埂。僅現起伏之波紋，而無突升陡降之角稜。每隔相當距離，修治一道，並於各槽之低端，砌修排水渠道，以備暴雨時餘水順槽入渠下洩，而免冲毁之患。溝埂既皆平緩，故不礙於耕耘，無損於田地。降雨則水順田坡積儲於槽，泥土亦隨淤積於斯。再於每年之中，地閒農暇之日，定爲治渠節，農夫渫槽內積淤反之於田，修濬上殘缺整之如初。使成爲風俗，如清明之掃墓，培爲習慣，如播種之以時。工簡而羣舉，事勤則易與，國家受無窮之利矣。至若壩坊則橫溝攔遏，淤沙遇之即阻。其料或木或土，或石或鐵；其體或透水或閉水；高低因勢，間距隨形。工之小者可教人民自理。蓋以壩成而淤落，既可防溝壑之進展，且可植樹種草於其上而獲利也。大者可由政府創辦之，官民互守之。

關於農事者，則應擬定耕種取締辦法。凡在坡斜或陡之地，須改爲草原，其更陡者應培植森林，不可從事墾殖。草木根深蒂固之後，高張如蓋，平鋪如茵，對於防沖有特殊效能。故言土壤之保護，輒以造林種草為最後之策，於他法試之無效時，惟此可以救濟之也。至於農作方法，亦關重要，如撒播、行播、點播等務使各得其宜；等高農作法，作物條分法，直行農作法等，亦須相機應用。至於輪作運作之宜，尤應善為處理者也。以上所云皆為對於農產無損，而有利於資源之保存者。森林牧草皆屬生產事業，較之溝壑縱橫，或表土剝盡，不適耕種者，啻勝百倍。間有須將現在耕種之田改為草原或林場者，調整之初，雖稍感困難，久之必能相安。

黃河幹長四千六百餘公里。鄭縣而上，其流域面積為七十五萬餘平方公里。以下則幾無支流來會，河身隨成為分水嶺焉，南入淮泗，北注津沽，故大平原之面積未計及也。（大平原之面積約為二十五萬平方公里）範圍既廣，險要自多，形勢不同，利害各異。而工程設施綱目繁細，方法運用經緯萬端。茲所述者，僅其原則，不及備論之也。夫害則避其重，費則就其輕，利則取其大，用則致其宏。是則在技術上之規劃，務求以低廉之費用，獲得利大用宏而安全之成效者也。此方案之所以貴乎安全而節約者矣。

六　勿圖近功勿損小效

「羅馬之路，非一日所成。」治河大業，亦自有一定之步驟，必備之程序。黃河水利委員會成立之初，曾懸十年小成，三十年大成之目標。而世人深感河患之烈，頗切救火之心。復鑑賈魯治河半年還朝，王景導渠期歲成功，咸欲早登席衽，故有議此計為緩不濟急者。夫賈魯王景之功，誠足表率後世，然其所謂治者，與今日之目標微有不同。若夫潰決敗敝之餘，自有迅速收拾，旱澗沉災，然此救急一時之工也。今日治河則欲於救急工事之外，兼謀根除水患之圖，前文已詳言之，無待贅述也。德國水利專家恩格爾教授聞吾國治河，有三十年大成之議，曰：恐未能如是之迅速，但勉行之可耳。可知吾人所懸之目標，並非好高騖遠，喜新炫奇之舉，實為審理度勢，切實可行之計也。然歲月如梭，十載之期已過，不特小成之績未著，而且大成之基亦未立，思之愧怍，言之慨然！

民國二十七年，黃河自鄭縣花園口潰決南氾，沿賈魯河串流渦淝茨涉諸水，分注入淮。而舊道枯竭，除殊漲外，不走水矣。軍興之際，各爲修守，互爲送迎，水系散漫。此乃變局，非同常例。迨夫抗戰勝利之年，必有整治奠安之策也。

治河萬世之業也，不可只顧目前之功，而忽其大者遠者，亦不可專志根本之圖，而略其近者小者。要之，法無新舊，策兼標本，循序以進，計程而謀，日積有功，歲考其成，終可達乎治之境也。

附錄　防洪方略

一　緣由

美國土木工程師協會董事會鑒於多數民衆，及一部份工程師，不能確切瞭解防禦洪患之限度及範圍，與其含之經濟問題，乃於一九三七年一月決議請會長組織防洪委員會，俾對防洪方略加以評定，而尤注意於其物質上及經濟上之限度焉。本報告卽爲委員會之研究所得，以勉副其使命者也。

（註）本文載於美國土木工程師協會會刊第六十卷第二期（一九四〇年二月）。初讀一過，但覺議論平淡，無甚新奇。再試讀之，始見其多具眞理。蓋以本文之目的，在於列舉防洪及其他救濟方法，而加以評定，並明其適應之環境，與可冀之效能，俾作防洪之指南，不以辯論發揮，或詳列計劃細則，討論各家長短，羅新奇言論爲尚也。故走筆譯之，以供國人之參考焉。急惟本文所依據之背境，規爲科學發達，資產豐富，物力充足，建設猛進，而僅有二百年防洪史之北美合衆國。我國與洪水搏鬥者四千年，先賢之豐功偉業，彪炳千秋。惟今年以諸多落後，故雖媲美彼邦，實有待於急起直追者也。然因之天然與人爲之環境亦有異焉。茲於情況不同，事實深關之處，略加附註，以期說明，然對於本文原意，則不敢妄加伸引，以副原有體材，以免添足續貂之誚也。——譯者註

美國土木工程師協會爲 American Society of Civil Engineers 。

二　緒言

民衆咸信防洪工事對於合衆國各地之水災，確能與以鞏固之保障，且可隨時實施。此等信仰雖逐漸滋長，

但實有未當也。認爲災情日巨，次數益頻，乃由於人爲之工作者，亦成普通之信仰。更有謂將水量儲於各河之源頭，即爲防災之可靠設施者。此等印象之所以廣播日遠，實由於無線電及電影對於水患及其他災害之濫事宣傳所致。此固可引起人類之同情，兼可促進改善致災之環境。設由此等衝動而獲得優良之救濟方策，固能增進公衆之福利。苟不幸引起盲目之舉動消費，致有害於來日之治水工作，則爲過矣。故目前此等思想之傾向，實有澄清之必要，且尤應注意於下列問題：（甲）防洪工事所可希望之成就如何，（乙）達到此目的之方法爲何，（丙）防洪開支與所獲利益之關係如何。

（註）本文所稱合衆國（United States）皆指北美合衆國而言。

本報告中僅供獻防禦洪水，減輕洪水，或救濟水災等數種方法。各有其適當之應用，但亦各有其應用之限度。尤有進者，「防洪」名辭之本身，對其效果，即易引人誤會。實則洪水難以絕對制止；其防制之限度，係可以受益之情況定之。

（註）防洪爲 Flood Control 之譯名，我國似已以普遍採用，視爲水利工程門類之一。古籍所用者若治水，若河防，若安瀾，若治河，若防汛，皆含有同意。防洪實爲防範洪水之縮稱，其意亦顯。

防洪問題繁雜之點，在於其本身所應考慮之因素甚多，及其關係之重大。如廣大之田野有待於測量，救濟之方法須適應於環境，救濟之耗費需款甚巨，大水之來臨每非常事，凡此皆足增加問題之繁難。尤有進者，有時雖爲局部之整治，然必慮及全河，務使無礙於大局也。

習用之防洪方略，採行已久，且爲前代文化之遺蹟。但皆有一定之限度，質言之，防禦水災無萬靈之藥也。若認防洪爲一明定之公衆事業，如減少公路之交叉橫穿者，實爲大謬。防洪工作充滿可疑及幻變之事項，設更與其他水利問題有關連，則益爲複雜。下文對於水災救濟及其限度將詳爲討論之：第一說明定義；次及「假定洪水」；復次述救濟之方法——蓄水，改善河槽及其他；最後爲其他方面之探討，若研究之範圍，費用，利益，與防洪事業之經理等。

三　定義

防禦河濱之水災，或保護泛溢之田野，要不外下列各法：築隄禦水；增加河槽之容洩量，藉蓄水庫以減低洪水量；藉減河或洩洪道以分洩過量之水。但可致之效果，要視：（甲）物資上之限制，（乙）經濟上之計算，及（丙）經費之籌措而定。依防護之程度，可將防洪工事分爲局部者與完備者兩種。

（註）元至正河防記：「治河一也，有疏，有濬，有塞，三者異焉。釃河之流，因而導之，謂之疏。去河之淤，因而深之，謂之濬。抑河之暴，因而扼之，謂之塞。……」是卽本文減河，增加容洩量及築隄之意也。人工蓄水之法，我國古未採用，歐美亦僅於近代興之，蓋因建築技術之進步，與應用料物之發明有連帶關係也。

局部防洪工事（Partial flood control）與完備防洪工事（Complete flood control）等名詞，初本擬譯爲治標與治本。繼思標本之用，頗爲廣泛。治本當爲根本整治，或根本制止之意。惟今多視爲相對名辭，其較治標進一步者，則蓋以治本稱之。例如已有之各種「治本計劃」，則多爲針對某事之根本因素而施以治理之計劃，與頭痛醫頭，脚痛醫脚者對比而言也。至局部及完備等工事，僅因目的不同，而救濟之方法初無二致也，故用直譯。

局部防洪工事爲就普通常遇之洪水，加以防禦之設施，至罕遇之暴洪，則無防禦之企圖也。今日世界所有之防洪工事，多屬此類。

完備防洪工事爲就各級洪水量，（包含事實上可能之最高估計）加以完備之防禦設施。此種方策殊難適用於較大面積之保護，故今日僅市區，或工業區，或產業及投資較多之地帶，施行此等防禦工事，獲得有效之成就。

流域之保護包括植物覆蓋地面之培育；各水源小蓄水庫之修建；建造谷坊以防溝壑之冲塌；改進農作方

法，要皆所以免除土壤之冲刷而減少河流之壅塞。所有流域內土地之保護工作，皆可輔助防洪工事，但其本身並非防洪工作，此每爲一般人所誤解也。

（註）流域之保護（Watershed Protection）偏重於域內土地之保護，嚴格言之，自非防洪之本身工作。然若因上游之土壤冲刷過甚，以致巨量泥沙携灑下游，造成災患之主因，若黃河者，則此項工作對於防災之重要性，實不下於防洪之本身也。

四　假定洪水

研究任一防洪問題，能先討論其消費與利益，並比較各種方法之長短，實爲得計。然比較之基本標準必相同。所謂「假定洪水」者，即計劃救濟方策，並估算其費用時所選定之依據，亦常以某次大水之流量爲假定之洪水量。若爲保護城市之富庶區域，或關係多數生命之安全時，對此值必須加以寬裕之安全保數。若所保護者爲農田之類，則可採用小於一之安全保數；如此，僅能防禦通常之洪水已足用矣，舉辦完備之防洪工事，殊不經濟也。

（註）假定洪水爲 Provisional flood，安全保數爲 Factor of safety。

是故「假定洪水」乃指推算而得之相當可靠且有根據之最大洪水量。於計劃之工事實施前後，必考慮河流之天然蓄水能力，此事每關重要，並注意洪水本身所經歷之時間，所有之特性，以及其所携之泥沙，以其皆受工事之密切影響也。

甲　洪水記錄

美洲合衆國實施有系統之水文記錄爲期不久，故僅根據本流域之記錄以推測其可能之最大洪水，似非所宜。溯考過去殘斷不完之記錄，亦可得有價值之資料。例如一九三八年皮脫斯伯之洪水，高於自一八五五年設站開始有系統記錄之數量者七・三英尺，但高於一七六三年者僅四・八英尺。各河流之水文記載，關係減除洪災者至巨。此等資料，僅可自多年不斷之精密觀測得之。獲得適當之水文記載，實爲政府機關之重要職責。此等洪水之記載，已由本會統計研究，且已陸續發表矣。

（註）我國之水文記錄，欠缺極多。雖經近來提倡，僅於大河之幹流設有測站，然尚未足。故水文普遍之觀測，實屬必要。此爲水利工程之指針，故必悠久，完備，普遍，且有系統。否則，如盲人瞎馬，危險殊甚。

皮地斯伯爲 Pittsburgh.Pa.。

各流域中，以影響於洪流之各種因素之錯綜配合，發生極不同之流量。美洲合衆國各河流所有之洪水峯之記載，以每平方英里流域面積計，其流量爲自二至三○○○秒立方英尺。

降雨量爲影響洪水之主要因素。一定時間內之降雨，各季降雨之分佈，以及降雨之密度，皆有關於洪水之造成。在北方連續之降雪，自亦重要。較小之流域常有最密之降雨率，流域之大者，密率大減。此所以不同流域之洪水流量有絕大之差別也。

造成暴洪之原因，又有流域之性質，如其大小，形狀，支流之排列，地勢，地質，地面滲水性，地面生長物，地下儲水性等。氣候影響於雨水注入河中之緩急者，不僅在於降雪，積厚，融解，而且及於土地之透水性與植物之生長。

乙 季節之變化 及頻率

設若防洪水庫兼爲他用，如儲水或發電者，節季之洪水峯，益有意義。設其他之環境相同，落葉節季常發生最大之洪水。然在小河中，夏季植物阻止雨水入河之效能，每不足以抵消夏季暴雨之傾注，則其洪水或在夏季。多數河流，年內各月皆有發生暴洪之可能。

（註）洪水多受節季影響，我國所稱之桃汛、伏汛、秋汛及淩汛者，莫不以節季而變。黃河則以伏秋二汛爲大，故水災多由之造成。淩汛則任冰浴，成塊下行，若再遇天寒或壅積過甚，水位有高於伏秋大水者，因而成災，亦數見不鮮。獨桃汛則因上游雪溶，微張而已；然亦有潰決，若光緒十年之齊河邱家岸，十二年

之章邱吳家寨是也。

暴洪來臨之可能頻率，爲評定合理防災開支之主要關鍵。今日吾人對任一河流所有之記載，除通常洪水之頻率外，皆不足以表示未來之或然數。由於最近過去之歷次暴洪觀之，修正美洲合衆國各地早年研究洪水之大小及頻率之結論，實所必要。此等修正之工作，在各河中已有完成者矣。

丙　與其他河流之比較

選擇一河之假定洪水時，應與他河之暴洪加以比較。惟影響於逕流之因素甚多，比照工作，最感困難。爲便利此等工作進行計，曾根據過去之遭遇，擬定數種公式及法則以資遵循。合衆國對於任何一河流雖無較久之水文記載，以決定其可能之最大流量，然全國內每年幾乎可以發現有其最大流量之河流。因之，依據他河之記載，選擇本河之假定洪水，雖爲繁難之事，亦實爲必要之工作也。

由於氣象之新法預測，氣象學家能估計一地所受之最大雨量。應用雨量及流量之特有關係，（設可以求得）即可知能遇之最大洪水。但所應注意者，估計降雨率，降雨面積，田野滲透率，天然蓄水量，以及小河之逕流等，皆極困難。若河流較大，則其困難愈增。然近者對於此等關係正進行廣汎之研究，知識與材料增進甚速，故深望能早日推演得適用之法則也。

（註）氣象預測新法爲Air-mass analysis。

丁　加洲情况

加利福尼亞洲爲感受嚴重水患區域之一。高山峻嶺距海岸頗近，故平原僅在沿海一帶，平原之南部又爲人煙稠密之區，因之造成極複雜之水患問題，與落機山以東之情况大不相同。暴洪之威脅，一由於山水驟下所攜帶之沙石，次由於此等物體自山麓之下行，再由於淤澱入煙稠密之沿海平原。水患最嚴重之另一區域爲台可薩斯州之南部。

因過去數年水災之慘重，以及落杉機（加州）一帶人口之增加，對於防災曾支付巨款。一九三八年三月二日落杉機之空前水災，泛濫二五〇〇方英里，死亡一一三八，財產損失四五、〇〇〇、〇〇〇金元。

（註）世界水災，要以黃河為最巨，其形勢雖與加州（Californa）不同，但受泥沙之影響，亦較任一河道為嚴重。故在水文測驗中，應特別注意。

黃河自三代而後，每兩年必為一患。民國二十二年水災之直接損失，為三萬萬元。

落機山Rocky Mountain，台可薩斯Taxas，落杉機Los Angeles。

戊　暴雨

合衆國數千小河因暴雨而發生洪漲之結果，人民所蒙之損害，平均每年較各主要河流為甚。城市曾以巨款防禦此等水災。各河源之所以遇此暴雨者，其原因頗難解答。修造鐵路及公路之涵洞，亦每遇此困難，蓋以計算其洩水量，鮮有以暴雨為依據者，故常有沖刷之患。

己　冰積

合衆國北部，常有因冰凌／壅積，發生水災之事。且有因此所漲之水位，高於無冰期間之洪水者。凌洪所遭遇之時間及地帶每難預測。冰積之處水流受阻，其情況有如攔水壩，故應有以防範之也。普通之防洪工事，對於防禦凌洪之補助甚少。

五　蓄水防洪之法

為減輕洪患，可應用兩種蓄水建築，即蓄水庫及攔洪水庫是也。直至最近，合衆國為防洪而用蓄水庫者甚少。米亞米防洪區所建之攔洪水庫已運用十五年至二十年，可蓄八四一、〇〇〇英畝尺之水，成為此等計劃之顯例，且此計劃僅為作防洪之用者。

（註）蓄水庫　Storage reservoir、攔洪水庫Retarding basin，他書有稱為 Detention basin者，米亞米防河區Miami Conservancy District in Ohio。

合衆國陸軍工程隊曾研究歐海奧河及其支流之防洪問題，建議以蓄水庫爲防洪之工事。在歐海奧及潘賽爾宛尼亞兩州已有此等水庫之建修，更擬續修十四處。其中數庫乃爲供應防洪發電及儲水等多方需用者。建議之結論並申述欲保護歐海奧河全部流域，當非此數庫所能完成，尚須建築充分之堤壩，以資防禦。西南部曾建築多數巨大水庫，其目的爲防洪與蓄水二者；若綠葛林河之象山壩，可崙拉都河之胡佛壩卽此類也。同性質之其他計劃，亦在實施進行中。

（註）歐海奧 Ohio，潘賽爾宛尼亞Pennsylvania，綠葛林河之象山壩 Elephant Butte on Rio Grande，可崙拉都河之胡佛壩Hoover Dam on the Colorado River。

甲　多用式水庫

若爲供應防洪之需要計，多用式之水庫必及時洩水，俾空出之部分，足容防洪所蓄之水量，且於他種利用完畢後，卽時洩空，以防下次洪水之來臨。故在防洪期內，水庫不得作爲別用。若以爲兼顧發電或其他水利，而防洪卽可得不費之惠者，誠誤解也。

水庫中之存水與發電及灌溉之關係，殆有重於金錢。故若於水庫蓄滿之後，而洩放之，似對於用水之觀念相背。然若不能及時放水則防洪之效能全失，仰賴其保護者，不只無益，反以無備而受害也。

（註）水庫蓄滿之後，應及時洩放，否則防洪之效能全失。此論當適用於大部河流。若黃河者，自十月霜降之後，則流量日落。凌汛由於冰壅而非因水漲，桃汛之量，比之伏秋大汛則甚微，故直至來年六月底，全無暴洪。黃河之大水常在七八九三月，過此則庫中之水可以保存。又美國落磯山西部高地之小河若蛇河（Snake River）亦有類似情況，該河之洪峯常見於五六月間，爲自上年十一月以後之積雪溶解所致。過此更無危險之洪流。世界之此等河流，當亦不少。

乙　水庫之節洪量

暴洪之特性，爲當水位上升時較速，故水文曲線陡升，而達洪峯，其降落也則漸，以暴雨之後，水得逐漸下洩也。設流域爲十方英里，發生災害之洪峯可延數小時，千方英里者，可延數日，十萬方英里者，可延數十日。

利用水庫，以減低洪流者，乃藉增加蓄水壩上游田野之泛濫面積，而減少下游田野之泛濫面積之謂也。其在蓄水壩以上之田野，絕不在保護之範圍內。是故所保護田野之價值，必高於積水之區域者，方合經濟原則。假如壩之上游，泛濫面積可以儲水甚深，卽能達到節制洪流之目的。但所保護之田野或財產之價值必足與水庫建築之費用相配稱，方爲經濟。大水庫所佔之田野，如荒地，森林等，每爲公有，政府可自由使用也。

普通言之，水庫之僅爲防洪用者，在比較平坦或過於陡峻之地帶，皆不適宜。是故除有適宜之建壩形勢，及充分之蓄水容量，足以達節制洪流之目的者外，在經濟上皆不可行。但如防洪與儲水兼用，在平原築庫，或有可能。

丙　洩水門及溢流道

洩水門之式樣，按所欲節制之流量，水深，儲水之各種用途，地方環境，以及運用水庫所採之方策而定。合衆國早年之防洪水庫，洩水門皆爲不受節制者，但近年則漸有採用節制式之趨勢。若水庫兼作別用，其洩水門必爲節制式者。

（註）洩水門及溢流道Ou let anl Spillway。

攔洪水庫之顯著特性，爲具有不加節制之洩水門，純賴自動之運用。據合衆國及外國之經驗攔洪水庫適用於較小之流域。自他方觀之，設洩水門有節制之設備，則可節制水流，促使庫中之淤澱減輕。尤有進者，於必要時可於一年之某季內，令洩水門完全開放，因之亦可收攔洪之效。西南部各庫，於大水時因冲積關係，洩水門幾不能操縱。

（註）我國首欲採用防洪水庫者，則爲永定河之官廳水庫，工作方始，卽以戰事停頓。文中所稱攔洪水庫適用於較小流域 Small Watershed 一層，亦就普通情形而言，竊以爲防洪水庫之採

用，不因流域之大小，而基於流量及其變化。設洪水峯之升降迅速，且兩峯之間隔有相當時日，雖大河亦未始不可採用。蓋洪水峯之升降迅速，則所攔阻之總量不至過大，相隔較遠，則無蓄水相疊之患也。

土壩為安全起見，必備有廣大之溢流道，否則壩為沖塌，其災情之嚴重，較所欲防禦之洪災為更甚焉。若能利用地形，則可以廉價而修築寬大之溢流道。米亞米各壩，雖遇有超過一九一三年洪流（洪流之新紀元）之一倍時，今之設備亦可使其安然排洩，而無害於壩之本身也。

丁 水庫中之田地

研究歐海奧中部之防洪工事，則知水庫之設計為供最大洪水之用者，故在常禦之洪水時，庫中土地之沒於水者，僅當庫滿時百分之二十。百年一遇之洪水，則增佔庫中土地百分之四十，設將來之情形，一如過去，就經驗推之，其餘百分之四十之田地，將永無淹沒之虞。故米亞米河防區將庫內土地除其低部外，又復售出佃租，以事農作，因之可以減低下游受保護者之担負。但此等處置，僅可行於洪水期及氣候之配合適宜之地帶。

戊 沖積

洪水予吾人深切印象之一，自其影響言之，即為其所携帶之大量物體。在落機山以東，如庫中蓄水不深時，以適當之柵欄控制之常有成效。

（註）我國之黃河及永定河，控制其携帶物體，幾為主要工作之一。黃河本流之含沙量以重量計有達百分之四十六者。全年平均亦至百分之二與四之間。

沖積Drift and Sediment。

在合衆國各部，河流之沖積問題實關首要，以其能減短水庫之壽命，增加防洪之費用，兼能左右防洪方略之選定也。設洪流凶猛，而水庫較小，數年內即行淤滿者，數見不鮮也。故計算水庫之有效年壽者，不可不注意也。

己 水庫之運用

多用式水庫苟能於運用之時，永留餘地以供容納暴漲之洪水，則各項使命，皆可平安完成，而無足慮也。

發電及給水兩項用途，可以互相侵用其一部，而無大害。惟留有適當餘地，專供防洪之用者，實所必要。適當之水庫，加以聰明之運用，對其鄰居下流之田畝，必能作安全之防護。

近來防洪水庫之建造及運用，多由有直接利害關係之地方機關為之。惟已完成，或正興修，或方計劃之此類工作，為達其運用之效能，免生災害計，則應嚴密考慮各工作互相關連運用之法。設水庫為有門可以操縱者，管理員常可於事變之時，利用急智以決定運用之方法。例如洪水來時，應遏制水流以保護某區域乎，抑應洩放水流，以備儲更大洪水之來臨乎。二者孰重，則有賴於管理人員之判斷。今日歐海奧流域各地之防洪工事，即擬施以互相關連之運用，故應有集中管理，使有訓練之人，長期任職。如此，則其經驗日增，設備日充，可以應付急變，且免受地方意見之影響。

庚　水庫之限制

以蓄水方法減低洪患，其效能係自水庫以下而逐漸變小，蓋以下流有支流來合，則在其控制範圍以外也。是故欲於水源地設置適當之水庫，以保護幹流之生命財產者，實屬冒險而難能之事也。

管理員之首要職務，固為運用水庫以達減低洪峯之效能，至於蓄水之洩放，亦頗費心機。水庫中儲滿之後，即應相機洩放，以備容納下次洪水，然若同流域或鄰流域中多數之水庫同時放水，每釀成幹流之新洪水峯，設更與未經管制之支流之洪水相遇，益為危險。若暴水常臨，其相間之時甚短，則管理方面，益加困難。合衆國大部受有再發暴雨之襲擊，即發生所謂「雙洪」現象，雙峯相距僅八日耳。設在兩峯之間，庫之下游，水已平岸，若再洩放庫水，又足以為害所欲保護之財產。苟延緩洩放，使下次洪水自溢流道漫洩而下，或釀成更大之水災。設水庫之量甚巨，足以容納此等意外之水，固屬至善，但環境所限，每難選得此等庫址。更有因運用之不當，而波及水權及航運損失者，則問題益複雜矣。

（註）雙洪 Twin flood ，水權 Riparian rights。

連續設立數座攔洪水庫，其弱點為於緊急之時，苟不能發揮圓滿之應用，則下游必有新洪峯之造成。普通攔洪水庫洩水門之主要缺陷，爲不能用以沖刷其下游河槽中之淤澱。

中常洪水時，低壩所近之水庫，足以減低洪流，增加滲漏，但當大水之時，每因此反增高下游之水位，故泛濫之廣，亦較無庫時爲更甚焉。是以大水時低壩之作用全失，因於危急之際所洩之水足增加洪流之量也。有數州提倡一種低壩名海狸壩者，爲防洪之用，此壩之建築惡劣，常隨流而去，故益增洪患之危險。

（註）海狸壩Beaver dam。

苟水庫之計劃及運用不能顧及下游河槽之維護時，河槽常有敗壞之虞。其敗壞之方式有二：因洪水節制，則河水之沖刷力較滿槽時爲低，故其容載水流及携帶物體之能量減低；因庫中放出之水，所携帶之泥沙較少，且其動能足以沖携物體，故在壩之下游，河槽每受嚴重之沖刷。兩種不利之形勢，發展於河槽之不同地帶，因之改變河道之水力坡降，實屬有害。歐洲河道亦曾有同等之情況，故須付巨款，修築攔堰，以保護河槽橋梁或其他建築物之基礎。

（註）水力坡降Hydraulic gradient，攔堰Sill dam。

六　改善河槽防洪之法

改善河槽以增加河流之容洩量，實爲最古而最適用之防洪方法。適用之方法有三：即增大河槽，修築隄防及裁灣取直而減短河身是也。

甲　增大河槽

若以加寬增深之法，施於較大河流以防洪災，除於保護城市之一小段外，鮮視爲防洪之適當方策。但遇較小之河流，穿經城市時，此法則常用之。

欲遂此目的，常將河槽之底岸加以襯護，俾免沖塌，且增容量。設在人煙稠密，而附近地產價昂之區，常將河槽之頂加以覆蓋，修成道路或停車場，更有培以土壤使變爲花園或兒童遊戲場者。若在城市附近，將河岸建成立壁一道，俾獲得適當之河槽斷面，並節省土地之侵佔，亦有行之者。

若僅河槽局部增大，則其上下游必有不穩定之危險。總之以此法改善河槽時，必施之於一適當長度之河段，俾無背於水力原理，且免損害居民之利益，或提高維護之費用也。

乙　隄防

為防護洪水計，合衆國與他國多採用隄防之法，其特點在於修建及維護之費用皆省。密西西比河兩岸之田地，二百年來皆以隄護之。合衆國他部因農產價值之增高，其收入亦足以補償修隄之費用，故亦逐漸採用。但若以之防禦可遇之最大洪水，常不可行。

（註）密西西比河 Mississippi River。

若與天然之水流情況相比，隄能束制水流，故即增高其水位，減低兩岸之蓄水容量，增加槽內之水流進率。例如意利諾河下游，於九十英里一段內，在十五個隄防區中，減少洪水面積之寬度者百分之九十，改變大水時河流之横斷面積，較諸築隄前者增加百分之二十五。但水位增高，在隄之上端，約增加五英尺，設有潰決，當蒙嚴重之損失。

（註）意利諾河 Illinois River。

此等建築，常有透水，滑動，陷落之事發生，蓋以所用之物料皆係就地取材，而隄基之惡劣，亦每難避免也。有時亦為動物之穿鑿所破壞。再者設係單長之隄，若有潰決，則淹沒之田畝，必極嚴重。合衆國北部之隄防，更常受冰凌之損害。

（註）本文無「護岸」（Bank Protection）一辭，亦未論其成效，似有未當也。護岸工事，所以保護隄岸之冲塌，故既可以固定河槽，且可以防禦潰決，前者利於航運，後者關於防洪。設兩岸田野高於河岸，河水滿槽後，雖有氾濫之厄，然無改流之虞，亦不至有廣大之泛濫區域，則護岸工事，對於防洪之關係尚小。否則護岸必視為防洪工事之一，至少亦應視為隄防附屬工事之一，不可不察也。

隄防失敗之道有四：漫溢，岸崩，滲漏與冲刷是也。設水漲高於隄頂，固可臨時搶護之。但岸崩冲刷二者，則必於平時建築防禦之工事。此等工事有者附著於隄面，有者爲導流之物，故不得僅視爲隄工之一部也。此等工事之目的既爲防禦隄之坍塌，亦卽防禦潰決，換言之，卽屬防洪工事。

我國黃河下游，代設專官治理，多屬於防洪之事。而防禦之法，亦以隄爲主，然對於楷埽及築壩之推行則不遺餘力，近代更以磚石保護，益著成效。密西西比河下游整治之目標，雖防洪與航運並重，亦不得謂護岸無補於防洪也。

尤有進者，黃河下游河槽，因水之漲落而冲積不一，左右靡定，形成難治之特性。故固定河槽，又屬防洪工事之一，則於護岸及護灘等項，尤應注意者也。

本文所述「防洪」之目的，或爲「防範洪水」而非防禦水災，是則與吾國一般之意見稍有不同，故附論於此，以爲編輯水功名詞者之參考焉。

丙　兩岸之蓄水

凡阻止農田受水之方法，皆足以剝奪兩岸低地天然蓄水之能力，故卽增加水流下行之速率。米亞米防河區研究結果，夏米爾頓於改善河槽後之最大流量較一九一三年之實際流量增加百分之四十。（假設昔日夏米爾頓以上泛濫之田畝，現全爲隄所保護。）以同法研究德塘之流量，因其上游兩岸之蓄水能力減少，增加流量百分之三十五。

（註）美國在數年之前，則以隄爲密西西比河惟一之防洪方略。近始參以他法。隄防與下節所述遷民避水爲相反之政策。隄防之優劣，本文已評論無遺。惟此問題在我國治河史上，實佔主要之地位。漢成帝時，賈讓上言治河三策，述：徙冀州之民當水衝者爲上策；引水灌田，以分水勢爲中策；繕完故隄爲下策。此後二千年來，卽造成「不與水爭地」及「築隄以束水」之防洪方略上兩大陣線。互相攻擊，文誅筆伐，以迄近世。拙著治河論叢一書論之較詳，可作參考。

夏米爾頓Hamilton, Ohio、德墈Dayton, Ohio。

丁　裁灣取直

欲增加河槽之容量，或減低其水位，裁灣取直即其一法，蓋水程縮短，比降卽增，速率亦隨之而加。在冲積平原上，河流之特性爲蜿蜒下行，每成極大之彎曲。密西西比河及米蘇里諸河，此等現象，益爲顯著，常於彎曲過甚之處，自選短程冲決，成爲天然之裁灣工作。人工之裁灣，實爲救濟農田之一普通辦法。近年來在密西西比河下游，常於彎曲之短程處開小引河一道，卽可完成此項工作。然因水面之驟落及流速之增加，常因裁灣而增加日來之洪水流量。

（註）米蘇里河Missouri River。

自裁灣之歷史觀之，其利弊互見，故對於採用之限度，亦應深切明瞭。歐洲之普通經驗，爲就乾地上開挖新河槽，於新槽放水時，卽舊槽堵塞，聽其自由發展，以調整河槽及水力坡降。但常因此而害及上下游之河槽，及居民之利益。新槽內有陡峻之比降，因而增加冲刷，並卽澱於下游。故自裁灣所獲之利益，常爲此等災害所抵消。再者，在通航之河道中，裁灣之影響，能使低水時期之水深減小，流速增加，皆與航行不利。若河流攜帶之泥沙較多，裁灣後之直道，鮮能保持固定。

綠葛林河爲合衆國及墨西哥之國界線，水程一二〇〇英里，於愛爾伯蘇附近實施防洪工事，採用裁灣及改道之法，將一五五英里之河槽，減爲八八英里，新道仍爲國界線，故選定之原則，在使一國所減少之土地，適與取諸他國者相等。

（註）墨西哥Mexico，愛爾伯蘇El Paso, Tex.。

密西西比河下游曾有人工裁灣工事多處，然與昔日之作風不同。以裁灣之處並非各成單位分別改進，實集合各工事而視爲一段，作整個之改進。截至一九三九年六月三十日止，整理各裁灣間舊槽之用已支出一半，整理之法爲浚渫及其輔助工事。雖尚未至該委員會對全部工事發表最後評判之程度，但確知裁灣在他處所常遇之四種不幸現象，於此並未發現：（一）裁灣段及其間舊河之比降所加陡之程度，並未超過密西西比河下流天然所有之比降；（二）航行並無擾阻；（三）各裁灣段下游之河槽，或最末裁灣下游之河槽，其淤墊所及，並未使河底有顯著之增高；（四）減短河身之長度，但並未增加長而直之河段。河之容洩量大增，同時洪水面亦行降低。此法之採用，實因密西西比河下游有特殊情形，或不適於一般之河流也。

七　其他救濟方法

上述各法，皆經採行，以作水災之救濟，然尚有其他倡議，且間有為民衆所力主施行之者。

甲　限制用地

水災損失之大部，乃為濱河或為受災地帶，後經逐漸發展，而終成富庶之區域，城市即其顯例，過去對於此等建築限制甚少。若根據城市分區法，對此行為，將來或可略有收縮，以限制受災地帶之建築。限制土地之使用，且可免除洪水暢行之阻礙，即能減輕水災之損失。研究城市之防洪問題，顯示若令公園及休遊區之占地佔據低地，使居民遷於較高地帶，大水時低地雖被淹沒，他處或可得以幸免於難。

（註）城市分區法Municipal Zoning laws。

乙　遷民避水

近年有主張將低地居民遷於高地者，如此，洪水經流之地域內既已廓清，則災害自減。建設財政社即以經費之協助，將易受水災地帶之人民工廠從事遷移，俾居永安之高地，而將空出之地改作公園之用。

此等事實表示社會逐漸認識自受災地帶移民之費用，較諸施以防護之工事者尚為經濟也。

（註）防洪之法，本可分水災之制止（Flood Prevention）及水災之防範（Flood Protection）二種。前者為維持洪水於槽內，以免田野之受災，如前節所述各法是。後者為雖放任洪水漫流於所欲保護之田野，但防止或減輕因此所受之災害，如「限制用地」及「遷民避水」之法是。本文下節所論「防避洪災之損失」

意。要之此法之採用，一視經濟上是否合算，二視事實上是否可能。要未可執一而擯其餘。本文所稱：「社會逐漸認識自受災地帶移民之費用，較諸施以防護之工事者，尚為經濟也。」亦有其背境，非指一般普通情形而言也。

建設財政社Reconstruction Finance Corporation。

丙　分疏洪流

欲避免為患之洪水峯，有時可將洪水之一部分注於無害或為害較輕之洩水道。此等救災方法，曾列入密西西比河下游改善隄防計劃中。分流之建築物有二式：洩洪壩，如位於紐奧侖以上之博乃加里溢流道，用以限制洪水高度，而保護紐奧侖城者；導火栓，如在開羅下游少許，以供紐美得減洪道之用者。山可里門都河之減洪道已施用多年，皆見成效。若所擬修之減洪道穿經人煙之區，應比較其災害，　僅能於所保護者確有優越之價值，而且屬於必要時，方可採用。

在綠葛林河下游，則將為患之洪水峯分洩於人造減洪道內，其容量大而道且長，故足以保護田畝。隄及減道所佔地之徵用，則按地役權為之；田主仍可於不妨礙減洪道分水之利用範圍內，繼續支配道中之田地，以為牧畜及農作之用。

（註）減河（Diversion channel or Outlet）與洩洪道（Flood-way）之意義似有不同。前者為將正河之水分疏一部而注諸海。後者則為當洪水之時，承受正河洪流之一部或全部；及水退落，此水或反注正河，或存儲成湖，或引之他去，則無一定限制。本文僅及洩洪道而略減河者，是視後者為前者之一種矣。

洩洪壩（Controlled weir）為分引正流之建築物。導火栓（Fuseplug levee）則為隄之一段，遇有危險之洪水時，故意使之潰決，水得分流，以救他處之災患者。名辭為借用，我國亦無適當代辭，故直譯之。然「引水」而稱「導火」，實與我國「失火」而稱「走水」者，成為趣比。

紐奧侖New Orleans, La.博乃加里溢流道Bonnet Carre Spillway，開羅Cairo, Ill，紐美得New

Madaid(Mo.)、山可里門都河Sacramento River。地役權Easement。

丁　森林與防冲

大衆咸信砍伐森林爲水災主因。但可得之證據，則爲近一二世紀內，合衆國及他處雖曾砍伐森林，使廣大面積之土壤暴露，惟二三世紀來之氣象情況，降雨，或洪水流量，並無有顯著變化之趨勢。於大河之流域中，重造較小面積之森林，對於暴洪之水峯，無顯著之減低，亦屬事實。然因森林之覆蓋地面，可以減低中常之水峯，並能防制土壤冲刷，在陡峻之地，效能尤顯。

水災之造成，不僅由於洪水之量，且亦因其所携帶之物體；高流速時，後者尤關重要。河流所携帶物體之逐漸淤澱，實足以縮減水庫及河槽之壽命。是故，設在經濟原則上爲可能，則防制冲刷，無論在減輕水患及保護土壤之立場言，皆屬可行。

由於土壤之保護工作，若修造階田，沿等高線種植，防制溝壑冲塌，防制森林火災，及造林等，雖皆有相當效能，但暴洪則不能因此減除。若將「流域之保護」用作一種名辭，以之表示植物覆蓋之維護，土壤冲刷之防制，滲透之增進等，雖證明其能減少泥沙之攜帶或延緩逕流之集中，但不成爲防洪工事，蓋以不能防禦田地之泛濫也。

戊　避免洪災之損失

救濟水災之一種有效方法爲避免洪水時之損失，或將其減至最小限度。欲達此目的，可將處於天然洪水面下，而易受水災之人畜產業遷移。此舉可以城市建築及分區法之章程取締之，如將城市及工廠等遷移於高地，已於「遷民避水」節述之，及禁止易受水災田原上之農村建築等。避免水災時之損失，但非防洪之本身。然因其在經濟上之合算，因其減少人類無謂之痛苦，因其無運用及維護之費用，是又較防洪工事爲適用也。

避免洪災之損失，應以法律力量嚴禁於易受水災之窪地及洲渚上建立村鎮。合衆國有許多村鎮，其所在之地點，既難保性命之安全，又非可以公道之費用而能防禦其洪患者。其結果因水患之常臨，國家及地方機關，每以賑災方式所費之金錢，遠在於所應支付價值以上。

己　洪水之預測及保安

適當之洪水警報，能減少洪流所經地帶財產之損失，及維持其生命之安全，實爲最要之工作。然洪水警報之目的不在免除水患，故僅能發生一時之效能。

因暴洪之將臨，對其水位之高度，若能爲之預測，並迅速連續傳達於居民及水庫之管理員，俾有準備，誠爲防洪之一助。蓋以意外之水災，對於生命財產之損失爲特甚也。

在寒冷地帶，若將降雪觀測之結果，時常通知水庫管理員，俾其預測雪溶之危險，亦屬有利。

若能依照水災保險之法，施行水災保險，在解決救災之問題中，甚爲經濟是故關於此等或然數之資料，加以充分搜集，俾使此種保險事業得以實行，誠有考慮之價值也。

八　工程之研究及報告之範圍

關於防洪工事，工程師於決定所有之建築及估計其費用時，應同時顧及其他事項，如在水權學說倡行之區，應注意防洪工事對於下游水權之影響。在合衆國，凡可施以防洪工事之區域，皆已發展至相當程度，故若河流之自然趨勢改變，每易損及水權。此在工程研究時所應注意之事也。

工程界及民衆已逐漸瞭解，東部各河流域因日益發達，人烟稠密，物價高昂，沿河工事每足以影響河流之自然趨勢，則對於地方或州郡，皆極關重要，應妥爲研究。

除上所述，及通常所注意之事項，若流量記載，洪流頻率，洪水流量，及記載中洪流之特性外，更應考察施工地段上下游田原之發展，域內生產及經濟之狀況，及所建議工程之淨得利益。

九　費用與利益

選擇防洪之方法時，所難解決者厥爲正當開支之限度。若費用超過獲益，則金錢虛擲。正當之開支，務以精確之獲益估計爲依據。

甲　利益之計算

普通欲證明防洪開支之適當與否，常將所獲之利益以金錢表之。無形之利益，亦可加入計算，且或足以影響原估之平衡，但無形利益之估計，亦應以金錢爲單位。

設無防洪工事之設施，估計將來之水災損失，應以過去事實爲主要之根據，並以未來之情況爲參考。主要之困難，在於過去水災損失之資料缺乏。是以聯邦政府應搜集公佈此等資料，所費當甚微也。

多數水災之成爲最嚴重者，實由於生命之損害。救濟生命，誠屬防洪之重要目的，故當計算費用與獲益之平衡時，應以此而加重也。

乙　間接之利益

除保護生命財産之直接利益外，且可防止因水災所生之其他影響，若商業停滯，工廠歇業，交通阻隔，失業增加，人民流離，及阻礙地方之發展等。此項損失，常可以確實之估計得之。故防止此等損失亦爲有形之利益也。

雖一小面積之水災，鮮僅害及一城一市，因鐵路交通之斷絶，亦必波及遠地之業主。歐海奥河及他處之數次水災，因鐵路冲毁，害及合衆國之大部，工業幾全停頓，商業一半凋零。是故防洪設施乃爲公衆有利事業，自公平觀點上言之，公衆應攤付其費用也。

丙　開支之數額

米亞米防洪區所與防洪工事，凡滓支三〇、〇〇〇、〇〇〇金元。其時（一九二〇年）本區内九城鎮居民之受益者凡二四七、〇〇〇人。故消費於每人之金錢爲一二一金元。然自此工作所獲之利益，根據確切之估計，約當費用之三倍半。

在密西西比河下游，人民爲防隄所納出之款，截至一九二八年五月十五日聯邦政府接收管理止，爲二九二、〇〇〇、〇〇〇金元，約當每英畝二二・五〇金元，以其所保護之田畝爲一三、〇〇〇、〇〇〇英畝（二〇、三〇〇方英里）也。所生息之利益，固多在農田，但對於城鎮、鐵路、公路及其他交通，皆有裨益。然此防洪工事，以未能防禦一九二七年之暴洪，致二三、〇〇〇至三〇、〇〇〇方英里之沖積平原被湮沒，損失二六三、三三四、〇〇〇金元（密河防洪會之估計）。國會一九二八年所採之防洪計劃爲使二〇、五五〇方英里（一三、一五二、〇〇〇英畝）受全年之保護，九、四五〇方英里（六、〇〇〇、〇〇〇英畝）受局部之保護。至一九三八年六月三十日合衆國及地方團體消耗於防洪工事，改進河槽，及修減洪道等之總額爲六四〇、六四三、四四〇金元。

一九三七年總工程師建議在歐海奧河支流中，除已計劃興修之防洪水庫外，更增設四十五處。估其費用，包括購田及補償損失在內，爲二四六、〇〇〇、〇〇〇金元。據估計若此等水庫能運用於一九二七年洪水來臨之時，則可減低皮地斯伯之洪水位五・五英尺，路易斯威爾者二・二英尺。然欲免除人煙密集區域之災害，雖因以上設施，洪水位可以減低，但仍須增修隄防一五五處，連購地費估需用款二三〇、〇〇〇、〇〇〇金元。故用增修水庫及隄防工事所需款項之全數爲四七六、〇〇〇、〇〇〇金元，以歐海奧沿河各城鎮之人口計算，每人約合二、〇〇〇金元。

（註）我國對於統計一事，素不講求，是以雖有悠久之治河史，而無詳確之數字。近代或間有片斷之記錄，不足道也。

惠陵 Wheeling, W. Va.，星星拿悌Cincinnati, Ohio，路易斯威爾Louisville, Ky.。

前三段所述以每人費用爲單位之論斷，不能互相比較，因所防護利益之性質不同也。米亞米河流爲工業區，歐海奧河因防洪之效果，即能改進密西西比河者至一適當程度，但密河流域之人口並未在前項計算之內也。

凡關於城市防護而需款較巨者，多由受費之城市分擔公債，或由地方抽稅充之。此等籌款方法多適用於城市排洪計劃，然總計之，亦防洪開支中之一大數量也。

十　防洪之經理

在數年前，救濟水災之費用率籌自直接受益之人。所有農田隄防區及排水區築隄之費用，皆由受保護之田主捐籌而來。密西西比河凡經二百年之逐漸修築，率由此法籌措。自一八二〇年聯邦政府始注意此河。但僅及航運，蓋各州間商業及郵政之設施，始經合法手續之批准也。

一九一七年三月一日，國會始制定第一防洪法案，特許密西西比河及山可里門都河之防洪工事自聯邦政府開支經費。迨經一九二二年及一九二七年密西西比河大水災（後者視爲記錄中之最大者），國會方於一九二八年五月十五日通過法案，正式承認密西西比河沖積平原上之防洪爲一國家問題。因之實行防洪工作爲國家確定之政策，此可於一九三六年六月二十二日國會通過之法案見之，其中「政策宣言」有云：

「第一節　承認：合衆國各河之洪水災患……爲國家福利之威脅；通航各河及其支流之防洪工事，聯邦政府與州郡暨地方政府，皆視爲適當之工作，實爲國會之意旨；研究與改進各河流，及其他水道（流域在內）而以防洪爲目標者，乃爲謀公衆福利；設所獲之利益（不論誰人享受）超出防洪工事估計之費用，與無此則生命及社會之安全受影響時，聯邦政府應改進或協同改進航道，及其支流（流域在內），以達防洪之目的。」

一九三六年之國家防洪法案，批准二百七十處防洪工事，建設費約爲三〇〇、〇〇〇、〇〇〇金元，分佈於三十一州，全國各州皆可受其惠益。工事之設施，須受軍政部長之指導，合衆國陸軍總工程師之監督。除實際建築之工事外，一九三六年之法案並指示軍政部長應於二百二十處之防洪工事加以測量研究，更繼續測量研究十八處之水庫庫址。

一九三八年六月二十八日國會所通過之法案，使合衆國不只對於支付購地費，地役權，所有權等費用視爲本分，即於完工之後，維護及運用之經常費亦由之撥支。此等修正條文，並追溯既往，故適用於一九二八年五月十五日及一九三六年六月二十二日等法案所有之防洪工事。

一九三八年六月二十八日之法案，並載明如因遷移所欲防禦區之一部或全部，而建築之費用即有大量之節省時，總工程師可因之改變計劃，並全權處置節省之費用，以作未受保護之人民遷移之用，此條款實明白顯示防洪新思潮之趨向。

（註）我國之大河防洪工事，自古即視為國家問題之一，由政府竭全力以事防禦，鮮有諉之於民者。又因黃河及永定河之為患特重，且近人煙稠密之區，已早設專官管理之矣。

合衆國各地之農田隄防區及排水區之籌方法各依據該州之墾殖法，故費用之全部或一部則自所受益之財產抽稅得之。各隄防區多為分立，故因築隄所得之惠果較小。州政府對此建築之法權比較有限。若在大河，如前所述，綿長隄防，既可以約束洪流，又減低天然之儲水能力，其結果使洪水位抬高。

自舉辦農田隄防區及防洪水庫之經驗言之，二者之工作，實有使發生關連之必要。過去數年，工程隊曾作充分之研究，深知合衆國各大河之防洪工事不可冒然興施，必經深切明瞭本流域之情形，及其改善計劃施行後所得之效果，而且由有法律資格之政府核准後，方可施工。

雖屬地方性質之防洪工事，然對遠處亦有利害影響者，則防洪費用，由聯邦或政府攤支適當數目，亦屬正當。然直接受益最惠之地帶，應攤派應用之大部，此亦大衆所認為公平者。否則地方或有無理之要求，防洪之費用將有超於惠益之危險，因之多數人民將受不公平之擔負矣。

（註）在保護較小面積之隄防，其目的多為墾殖，我國亦多由人民自為之。此等現象，以揚子江下游及各湖中之隄垸為著例。惟因無限制之圍墾，有礙於洪水之存儲，及正河之洩流，常為政府所取締，故有「廢田還湖」之令。其後對於洞庭湖之劃界，及揚子江之排洪等問題，皆由中央政府統籌研究，以達農田與排洪雙方兼顧之目的。

黃河於大隄之內，亦有民埝或民隄。蓋以大隄爲政府所築，且距河較遠，故人民又復私築隄圍，以防農田。民埝卑簿，且防護不周，易受水冲，冲破而水即直逼大隄。然大隄以平時受民埝之掩護，久不臨水，防範亦疏，以致雜草叢生，獾穴洞穿，忽遭水臨，常致敗事。故廢除民埝亦爲黃河之一大問題也。

本文爲防洪委員會於一九三九年十二月三十一日擬就，原報告名爲Flood-control Methods; their Physical and economic limitations。委員名單如次：John F. Coleman, J. B. Lippicott, Harrison P. Eddy, Jr., J. L. Lytel, L. L. Hidinger, Gerard H. Matthes, W. Lane, Charles B. Burdick（主席）。

中華民國三十四年十一月重慶初版
中華民國三十五年六月上海初版
（＊67234滬報紙）

歷代治河方略述要一册

定價國幣叁元壹角
印刷地點外另加運費

著作者 張含英
發行人 李宣龔 上海河南路
印刷所 商務印書館印刷廠
發行所 商務印書館 各地

後 記

我是從數學史學習中逐步瞭解治黄史的。漢代《許商算術》的作者許商，好天文術數之事的王景、李尋善，他們既是數學家，又以治理黄河而聞名。我國現存最早的河工著作《河防通議》，將中國古典數學天元術運用到治黄工程中，創造了中國古代工程數學的一個高峰。除了數學史之外，内蒙古師範大學科學技術史研究還以少數民族科技史和地方科技史見長。李迪先生曾指出地方科技史研究的重要内容是人與自然環境變遷、科技遺迹與自然環境以及環境與生産的關係，此類研究具有明顯的現實意義和重要價值。想要通過大科學史研究，弄清變遷的原因和未來的發展趨勢，産出對于地方各方面的開發有更大、更直接價值的成果，這類研究大多離不開文獻。之後，李迪先生更是直接指出科技史研究不僅是對過去的科技工作和科技成果的回顧與總結，而且要着眼于現代，讓古人的發明創造爲今人服務，繼續在現代發揮其應有的作用。我將先生大科學史的治學理念視爲座右銘，在科研工作中更加注重讓科研成果服務于國家戰略與區域發展需求。

二〇一九年九月，習近平總書記在黄河流域生態保護和高質量發展座談會上指出，黄河流域在我國經濟社會發展和生態安全方面具有十分重要的地位。黄河流域生態保護和高質量發展是重大國家戰略。同年十月，黨的十九届四中全會提出『加强邊疆治理，推進興邊富民』，首次把邊疆治理寫入黨的文件。内蒙古師範大學組織科研力量，積極申報研究闡釋黨的十九届四中全會精神的國家社科基金重大項目，其中『中國特色社會主義民族區域自治制度自信研究』項目獲批。我承擔其中的『鑄牢中華民族共同體意識下的民族自治地方文化自信研究』子課題，而黄河是首選文化要素。二〇二四年，該項目順利結項，我也對黄河文化所藴含的時代價值有了更深的體會。

有鑒于此，我帶領文化遺産智能應用服務中華民族共同體建設『英才興蒙』團隊，以黄河爲主題，開展了文獻、文物、傳統工藝等多模態資源庫建設和跨模態應用示範工作。這次與内蒙古人民出版社合作出版的《黄河國家治理文獻集成》，旨在梳理和總結文獻中所藴含的歷史經驗和文化信息，爲當代及未來的黄河治理和地方文旅産業發展提供參考與借鑒。

感謝内蒙古民族文化産業研究院、巴彦淖爾市圖書館等单位的傾力相助，感謝内蒙古自治區黨委宣傳部、内蒙古出版集團、内蒙古人民出版社對本項目的支持與幫助。

在此，也向致力于黄河治理和大河安瀾的歷代先賢與當代典範表達崇高的敬意：你們的不懈努力與無私奉獻，爲黄河的安寧與人民的福祉築起了堅實的防綫；你們的智慧與勇氣，將永遠銘刻在中華民族的歷史豐碑上，激勵後人不斷前行。

董杰

二〇二五年一月

北疆文化